天安门广场

优化改造设计研究

关肇邺 著

中国建筑工业出版社

图书在版编目（CIP）数据

天安门广场优化改造设计研究／关肇邺著．—北京：中国建筑工业出版社，2018.4
ISBN 978-7-112-21485-3

Ⅰ.①天… Ⅱ.①关… Ⅲ.①天安门－广场－改造－设计－研究 Ⅳ.①TU984.182

中国版本图书馆CIP数据核字（2017）第272913号

责任编辑：戚琳琳　李　婧　陈　桦
责任校对：王宇枢
封面设计：智达设计

天安门广场优化改造设计研究
关肇邺　著
*
中国建筑工业出版社出版、发行（北京海淀三里河路9号）
各地新华书店、建筑书店经销
北京锋尚制版有限公司制版
北京富诚彩色印刷有限公司印刷
*
开本：787×1092毫米　横1/12　印张：9⅔　字数：159千字
2018年4月第一版　2018年4月第一次印刷
定价：99.00元
ISBN 978－7－112－21485－3
（31148）

目录
CONTENTS

关先生讲课录音整理节选（代序言）

时间：2014年12月
地点：清华大学建筑学院王泽生厅
“建筑与国家尊严”课程第十一讲：北京——传统 · 庄严 · 人性化

“建筑与国家尊严”课程，今天是最后一讲了。大家在本学期所听的课中包含了不同国家在最高级别的建筑中如何体现国家尊严，这是很有价值的，而非千篇一律的内容。各国有其不同的历史、不同的文化、不同的经济状况以及不同的环境条件。但总的来说，都在各自不同的条件下，而以各种手法来体现国家的尊严、首都的气魄。有的是在一块辽阔的空地上从头规划设计的，如华盛顿、巴西利亚；有的又是在原有城市中经过几百年经营建设逐渐形成的建筑、广场等形成的壮观建筑群。这多是欧洲的中小国家的首都常用的手法。当然，大家都知道，一个大国，原来已经很有气势，在二三百年之前又经过一次大规模的改造重建，使它锦上添花的，如巴黎，则又是一种类型。在这些例子中，我们可以学到很多东西。那么我们自己的首都怎么样呢？北京具有800年以上的建城史，600年以上的建都史，是世界唯一一座有如此古老而又有最严整规划的城市，特别是自明朝迁都来京后，形成了世界上最完美的城市中轴线，即梁思成先生所说的，有史以来城市规划的无比杰作。但是当社会需要有所发展而又没有能够全面地照顾到历史的遗留、当前的需要和将来更高的需求时，就可能出现很大的问题。比如1958年，一年之中就满足了当时的需要，这是了不起的速度，但是很快便发生了许多未能满足社会需要变化的问题，更难以解决将来可能的问题了。

今天我想讲的主要就是天安门广场的问题。首先，天安门广场的尺度感不对。我记得早先的时候，有很多同学是外地来的，他们好不容易考上清华了，好不容易进入建筑系了，好不容易可以去看一看真正的天安门了，心情都很激动，因为人们所见到的天安门的照片太多了。到北京下火车之后啊，拎着包就直接跑到天安门广场来。来了以后怎么样呢？——大失所望。为什么呢？人们老远就可以看到天安门了，尤其是站在老火车站[1]那边。从车站那儿走过来走到这儿——就走到后来有纪念堂的位置。过来一看，这广场大得不得了。一看到天安门，就是我们所谓“伟大的天安门”，就像一个模型一样摆在那儿。广场空间尺度巨大，两边的配楼都比天安门要大出很多倍，这是怎么一回事呢？只能这样来说：在当时，必须要有举行群众大会的广场。建设这座500米宽的广场，不是根据环境尺度、人的尺度定的，而是中央的决定。500米有什么根据？中央说500米吧，就这样出来了。“原来是120米[2]，那我们就放大3倍，360米，再来点儿富余，那500米吧！”。事情就是这么定下来的，没有太多推敲。所以你们就会知道，人民大会堂到博物馆之间的距离，是500米整。由天安门到正阳门的距离，我记不太清楚了，我想应该是800米到1000米吧。这个在当时被誉为是世界最大的城市广场。真正的房子（天安门）在这儿（指图），要是再没有点儿绿化就更难看了。

那么，从我的角度说，我曾经有机会参与对天安门广场进行设计改造的工作，也和梁先生提出过我的想法，只是当时未能实现。但是对于这个设计的想法，我始终没有忘记，甚至越来越强烈了……

[1] 北京市老火车站，原“京奉铁路正阳门东车站”，1949年9月30日改称“北京站”（北京人一般称之为“前门站”）。火车站设在正阳门（前门）东侧。
[2] 原天安门广场两侧红墙之间距离为120米。

第一部分
我与天安门广场

记忆中的天安门
求学梁公
纪念碑设计
内心的遗憾
在新的基础上前进
薪火传递

天安门广场，这个令全国人民向往的地方，这个被全世界人民关注的地方，究竟是怎么样的一种状况？在当今这个信息时代，不计其数的人们可以通过各种视频手段来了解她的形式，但是能够亲身来到天安门广场并得到切身感受的人，则可能就是少数了。而我对天安门广场，也包括天安门建筑本身、两侧的古代坛庙和后面的古代宫殿的浓厚感情，则不只是由于她作为国家建国的地方，代表了中华民族的文化、文明，更是由于自己对于这片壮美建筑及空间的熟知，从而更增加了一份特殊的感情。

图1–1　窗外可见的东华门城楼（关肇邺 绘）

记忆中的天安门

1929年，我出生于天安门东侧的一个普通的四合院里。我家与天安门之间的直线距离大约在400米左右，出门南行不远就可以看到天安门城楼那辉煌的歇山屋顶侧面。天安门位于北京中轴线上，左太庙而右社稷（今名“中山公园”）。天安门前面是广场，后面是端门、午门等一系列两侧有柱廊的院落。它们层层穿套，形成可以引人深入故宫的空间。在我读初中时，这里游人极少，且几乎不收门票。因而在上高中以前的十几年中，我几乎每个周末都要到这几处地方转一转。不知不觉中，那些最宏伟庄重的古建筑群，从空间布局、比例，到建筑的等级、屋顶、台基形式和细部装饰，都在我的脑海里留下了一些粗浅而整体的印象。此后，我家又搬到一处更靠近故宫的地方，家门距离东华门不超过60米。坐在室内打开窗子，我就可以见到御河对岸东华门城楼的雄姿，以及它在河中清晰明亮的倒影（图1–1）。在冬天，我的同学们常常从我家后门下去，到河面上去滑冰。

自出生长到十八九岁，我对这片伟大的空间及四周那井然有序的建筑，很自然地就非常熟悉了解。因此，我的心中对这些建筑产生一种特殊而难以割舍的情感，就是理所当然的了。

图1-2　太庙内垣外小剧场方案（关肇邺回忆图）
在同样的立方体的前额处，加上了一个挑出的歇山顶五开间殿宇，并围绕着主体在地面上做了一圈空廊。

求学梁公

1947年，我考取了燕京大学的工科专业。这是我离开家独自生活的开始。以后我又遇到了几次“偶然”的机遇。这些机遇改变了我的一生，形成了我人生的轨迹。1948年春，梁思成先生完成了纽约联合国总部大厦的设计工作。回国后，他被燕京大学请去做学术讲演。我当时恰好有空，便去听了他的讲座。我很快被梁先生的广博学养和学者风度深深打动。几周之后恰逢清华大学校庆日，我就兴趣盎然地到清华校园去参观。当时，虽然清华建筑系建立仅两年，但在那不大的展览厅内，布置了很多具有文化和艺术气息的展品。这些展品使我产生了极大的兴趣，遂于当年夏天从燕京大学转学至清华大学，从一年级重头读起。后来，我在燕京大学工科的同班同学，都早我一年毕业。他们全体调到大连去筹建海军学院。而这样一个偶然事件和机会，使我到清华大学就读建筑专业。否则，我的这一生可能就是一名海军军官了。

当我在清华读大学二年级的时候，梁先生对我略有了解，知道我对中国民族建筑比较熟悉。有时，他会把自己徒手所绘的那些“想象中的民族形式新建筑”拿给我看。一次，我们的设计教师组出了一个快捷设计题目：在太庙内垣之外的松柏树林中，建一座小型剧场。此事若在今日，当然是绝对不可能的，但放在70年前就不足为奇了。同班同学们均按照当时流行的现代派风格设计思路，以一个大致的立方体作为主体，并在一端加一个比较小的长方体体块，来容纳舞台的造型。只有我，作为这个地段的常年“邻居”，自然而然地在同样的立方体的前额处，加上了一个挑出的歇山顶五开间殿宇，并围绕着主体在地面上做了一圈空廊（图1-2）。交图后，梁先生陪同当时在校的苏联建筑专家来看设计成果。他们皆对我的设计方案表示了十分的肯定。此事给我留下了颇为深刻的印象。

那时恰逢任弼时同志逝世，通过当时几位著名艺术家的引荐，任弼时夫人邀请梁先生为逝者设计一座带有其家乡湖南风格的墓。为了在短时间内能多设计一些方案以提供比较和选择，梁公（当时全体师生对他的称呼）遂令我也试做两个备用设计方案。梁先生要求，方案只需用铅笔徒手精细绘出即可。并将学生方案混在他所绘诸方案之中，一起交到审查大会上去评审。梁先生当时还曾说：“我不如杨先生（杨廷宝）、童先生（童寯）他们画得那么好，我只能用‘笨办法’画”，即全用硬笔线条准确绘其轮廓，再用徒手密排垂直线绘出阴影，效果较水彩画更加严谨。这次短期的工作之后，我常用这种“笨办法”绘制草图，这使我受益匪浅。此次评审，当即选中梁公所拟数案之一。后来想想梁公这显然有给予我见世面的机会之用意。

我在清华读大学四年级时，由于当时北京大学、清华大学和燕京大学调整合并之决策，急需扩建校舍。此时，又正值“三反”运动开始，在京的建筑公司均在停业整顿。国家要求凡此三校有关土木建筑诸专业之师生全部停课半年至一年，分赴两个校园去参加现场建造的工作。我们由做规划设计开始，至单体建筑设计，完成后就开始招收建筑工人。当时分为六个工区开工建造，师生们全力以赴，以应急需。学校的一年级学生由于尚无太多的专业知识，只能做一些后勤保障工作；二、三年级学生皆被充当技术员分配至各工区，进行施工指导工作；四年级学生则充当工区主管工程师。而工人们按图索骥，执行各类施工操作。由于还有一年就该毕业了，学校通知，我被分配到沈阳东北工学院（今东北大学）建筑系担任助教。与此同时，我们当时的毕业生也得到了教育部特许，一批工作未完成的学生必须“借调延长半年”，才能去单位报到工作。事实上，其实工地工作已近尾声，而我又被本校建筑系调去，一半的时间在学校兼课，一半时间完成工地收尾工作。在这种情况下，校方只能函请东北工学院再延长半年借调时间，推迟报到。

纪念碑设计

在这段时间里，梁思成先生和林徽因先生正积极紧张地投入天安门广场中心“人民英雄纪念碑”的设计工作中。梁先生当时担任北京市规划委副主任，每日进城上班。林先生则负责纪念碑之装饰细节设计。那时林徽因正重病缠身，只能口授，不能动笔，需要有人执笔代为绘图。于是，清华大学又与东北工学院协商，将我的借调期再延长半年。至此，东北工学院对长期不来报到的我失去了兴趣，同意我不必去学校上班了。这次偶然事件，使我在至今六十余年的时间中，再也没有离开过清华。否则，我极有可能随东北工学院一同调往西安冶金建筑学院（东北工学院与之合并）工作，今日可能还在西安。

1953年3月，应苏联科学院之邀，梁先生随中国科学院代表团赴苏联访问交流。这是中苏友好关系中的一次重大活动。我国派出了由各学科顶尖的科学家组成的代表团前往苏联，访问时间原计划约为2—3周。不料代表团到莫斯科之次日清晨，就发现莫斯科全城高楼之顶端国旗上均挂上了黑带。当时，苏方宣布了斯大林同志于前夜突然病逝的消息。随后，整个苏联准备举行隆重的哀悼和丧葬仪式。中国代表团也不得不一同参加这一重要活动，于是他们在苏联的停留时间因而延长。因梁先生滞留在苏联，而我在梁先生家工作的时间也随之延长。

我的工作规律是，每周有两个半天为二年级学生教设计，其余的上午和下午均在梁先生家上班。林先生卧室隔壁为客厅。我即在客厅里安置了一张绘图桌，每日在此伏案绘制装饰大样。每日早餐后，林先生就将我叫到床前来安排一天的工作。有时，她也叫我到建筑系图书馆去借一些书和图集等。她给我讲解了中国古代装饰图案的一些规律，以及南北朝和隋唐时代的各种不同风格特征。这些不同风格之间的区别，反映了当时社会文化思潮的差异，很像欧洲中世纪和后续文艺复兴时的变更之理。根据纪念碑的超大尺度，林先生要求我给已设计出的大小两层须弥座设计装饰图案，每座之上下均要有适合其尺度的装饰纹样。她命我按南北朝及隋唐之不同风格，先以小比尺（1/10–1/20）绘出其全长之半；调整好之后再按此图之一半，截取其端部、间部和中央图案分别按1/3左右绘成大样；此后，将每种图案以铅笔渲染方式绘出其外形轮廓，以及结构上的明暗起伏效果。在对几组设计进行比较之后，我们选择了盛唐时那丰满窈窕且独具勃勃生机风格的设计方案。这样的方案更能代表建国大业开创成功时，那种欣欣向荣的社会情绪。林先生的中西文化素养极高，目光极其敏锐。有一次，由于我所绘的卷草纹曲线过于圆滑，缺少一些力度，她当即批评道，“这是‘乾隆风格’，不能代表我们的英雄”。我随即按她进一步生动具体的说明，做出适当的修改，最终取得了较理想的效果。

当时，梁林家有一位女佣人，一位男厨师。除此之外，家里还有一位老太太，口音极重，只能自己一人喃喃而语，却从不和别人谈话交流。梁林的一子一女，儿子梁从诫正在北大历史系学习，而女儿梁再冰已随“南下工作团”去南方工作了一年多。他们均长期在外，很少回家。

20年前，林徽因家以“太太的客厅”而著称。她总是习惯在英式的下午茶时分，与大家见面聊天，探讨一些文化主题的事件和新闻。每次讨论，均能吸引当时许多著名的大师和学者参与其中。经常来参加茶叙的有金岳霖、张奚若、邓以蛰、胡适、沈从文、周培源、王逊等。而此时，梁先生也经常不在家。谈锋极健的林先生与以前相比较，当然是倍感寂寞。于是，我自然地成为了她聊天的对象。她跟我谈及了自幼随父赴英留学，又去美国学习艺术（舞台布景设计）、建筑的早年经历，以及与梁公婚后去欧洲、苏联度蜜月并进行科学考察的所见所闻；同时她也讲述了回国后，在东北大学和中国营造学社时期，她与梁公进行教学与工作的一些趣闻和花絮，以及在各地考察古建筑时克服种种困难的，取得丰硕成果的故事。

林徽因既是建筑学家、装饰艺术家，又是成就很高的诗人。虽然每日基本卧床不起，但林先生仍然口若悬河，滔滔不绝，使听她说话的我全神贯注，并总是深受感染。记得有一次，她谈及与梁先生一同到西班牙游历的轶事。他们根据以前所学到的知识，去参观摩尔人占据西班牙时所建、位于地中海格拉纳达的著名的阿尔罕布拉宫的经历。当他们到达山下时，已是日暮黄昏时刻，须雇一辆马车去寻觅这一圣地；到了半山，已是月光如水。伴随着细碎的马蹄声，他们辗转多时才到达宫门前，宫门已关闭。后经他们多方要求，才最终得以进入大门。他们在曲折幽静的院落空间，欣赏了那充满异族情调的廊亭池水布局。行至最后，他们突然发现了那心仪已久的精致而神秘的狮子院，看到了那12只围着喷泉的狮子。说到这里，林先生颇为激动，精神几乎不能自持。

这段生动而带有深刻感情色彩的谈话，令我向往了半个多世纪，总盼望能去亲身感受一番。后来终于在一次去欧洲的考

图1-3　人民英雄纪念碑建成后效果图（杜頔康 绘）
此图系现代所绘的纪念碑建成效果图，模仿曾经莫宗江教授绘制的纪念碑的全景图。莫先生所绘之图在“文革”时丢失。

察工作时，我说服了同行的同伴，一同去格拉纳达完成了我的夙愿。在此，我深刻地感受到，作为一名出色的建筑师，心里应怀有怎样炽热的情怀和丰富的精神境界。

梁先生从莫斯科回来后不久，我的任务也完成了，就回到建筑系全身心地做教学工作了。记得有一次，在梁先生的要求下，莫宗江教授画了一张纪念碑的全景图，并叫我去看一下我们工作的成果。对莫先生的透视图，梁先生给予了高度的赞许，认为它真实、客观地表现了纪念碑和周围的环境，没有夹杂着任何个人的特征和情绪。不像许多时下的透视图，为了美化画面而加上了许多不相干的配景，如高楼大厦等。梁先生特别强调，建筑设计者应严格遵循这一原则。我听了之后，当然也非常钦佩莫先生的表达能力。这可能是我所见过的第一张如此壮观宏伟的建筑画。但我却又很自然地感到有些隐隐的失望；雄伟挺拔的纪念碑巍然屹立在蓝天之下，具有极大的震撼力；但碑下两层平台向外展开，其边缘部分已距严实的红墙不远，似乎它那舒展的力度被无情地限制住了（图1-3）。从而我又想到，这里原是千步廊的位置，若将此墙改建成廊道结构，则内外就可以有半通透的效果。墙外的东西马路，宽度各有10多米，则必能疏解被限制的不利状况，且能给马路上行进中的车辆和行人，有一个瞻仰到纪念碑的机会，同时此画面可增加一个空间层次和动感的效果。这种设计不是刻意的行为，不是可以一举数得吗？那时我根本没有想到，数年之后这里竟变成了极大的广场。我当时大胆地说出了我的设想，并立即得到梁林二师的赞许。很快，梁公就说，“这种想法很好，但还需要再研究一下将来如何进一步发展的问题。现在是新中国成立之初，这两条廊子要用多少石料，要花多少钱，这只能是将来再考虑的事了。当然你可以不断地考虑下去，改进下去，也许有一天就能够实现。”按照这个大致的思路，梁先生又请汪国瑜先生绘制了水彩渲染图（莫先生、汪先生手绘的渲染图在“文革”时均丢失）。

图1–4　关于“骑河楼”原有建筑的复原设想（关肇邺 绘）

图1–5　城市交通和共建保护的“立交”方式（关肇邺 绘）

当然梁林二师对我的教育和影响绝不仅限于纪念碑设计本身。他们的思想中更具感染力的，应该是对古代文化遗产的尊重和保护。他们以全身心之力，面向当时巨大的习惯势力，不断对抗、斗争，直至暮年。针对北京城，梁公首先与都市规划专家陈占祥联合提出在旧城之西的公主坟地区建成新区，并在此建设中央人民政府的核心办公用地的建议。这是唯一一个可以保全古都免遭彻底地破坏和影响的可行办法。然而这样大的动作最终未被接纳。由此带来了以后很多年，人们对无数具有文物价值的建筑、街道，拆除改造和保护的争论。由于政治、经济、交通等原由，北京损失了世界独一无二的雄伟城墙及城楼，无数精美的牌坊、庙宇及历史建筑。争论中，梁林二师始终站在保护历史文物的一方，但那是弱势的一方。为此梁先生常在悲愤中度过。梁公曾向对方说，50年后，你们是会后悔的！实际上全社会的认识尚没有等到50年就开始有后悔和转变的迹象了。从今天的舆论和实践中，就可以看得很清楚。

我，作为在北京出生长大的，同时又是从事建筑设计的人，梁林二师在文保方面那种不屈不挠的精神，对我影响是很大的。但是我在当时没有任何发言权。虽然没写过什么有关文字，但有时我也会设想一下某些已不存的文物建筑，应该是什么样的，并绘制一些草图来表达我的观点。

我的中学时代是在著名的育英中学（今北京市第二十五中）度过的，我每天由东华门骑车往返均需经过一处名为“骑河楼”的街道，因我幼年时曾见过这里有一条河，后改为马路（名为北河沿）。既然名为“骑河楼”，当年必然有桥及桥上的建筑。因而随手画了一张草图，以实现内心的小小满足（图1–4）。

后来想到城市发展中道路交通空间不断扩张的需求，还画过一系列没有业主的分析图来设想城市交通与古建保护的“立交”方式（图1–5）。

内心的遗憾

在以后的一年多时间内，林先生在长期卧病后于1955年4月不幸逝世。当时梁先生也因病住在同一家医院里。那时建筑界正发起一场反对浪费、反对“民族形式”和反对“大屋顶”的批判之风。梁先生就自然而然地成为了被批判的中心。我也因此被调离了教学岗位，去校基建委员会设计科任建筑组长。

我认为，这样可在实践中去锻炼那种注重建筑的适用、经济、在可能条件下注意美观的观点与实际工作相联系起来的工作方法。当时，刚由莫斯科访问归来的校长，要求我按苏联建筑的雄伟气势，去设计清华的教学主楼。我在1956年至1957年的两年时间中，完成了教学楼的总体设计并建造了其大部分。1958年是“大跃进”进入高潮的一年，建筑工程进展极快，纪念碑也已按原设计一丝不苟地建成了。但令人未曾想到的是，纪念碑东西两侧拆除了大量房屋，并按规划的规定，将建成宽度为500米、进深为880米的大广场。两侧新建的人民大会堂为17万平方米，革命博物馆及历史博物馆为7万平方米（二者现在均有所增建和扩大）。其结果是，这些变化彻底地颠覆了我在1955年对广场空间与主体建筑之间的比例之担心，而是走向了它的反面。纪念碑一开始就竖立在极空阔的广场中心，从未展现过其在尺度适当的空间中所应有的雄伟身影。今天的中青年人，也从未见过天安门城楼在一个适当的空间中所具有的雄伟形象。当时就有一些老建筑师曾有过“巨大、庞大不等于伟大”的批评之语。一方面，由于广场新建成，另一方面，那时在广场上每年按时举行活动（有时是欢乐的、自豪的、自发的，有时是悲愤的），常常被一系列的政治运动和紧张的生活气氛所充满，使人们想不起这个伟大的广场有什么不对的地方。而在这一段时间，我自己则下乡去搞四清运动，去干校劳动了数年。后来又去西藏进行开门办学，经历了“文化大革命”的整个过程……好像很多年再也没有去过天安门广场了，也就没有再常想过在心头所惦记的这件事。

1977年，毛主席纪念堂建成。以后虽然每逢节日做一些表面装饰，但广场的总体格局却从未再变更过。现在距天安门广场建成已50多年了，其间也曾有一些单位和专家，提过各种改造发展的规划方案，但皆没有涉及广场内部大格局的变动。

在这段漫长的时间里，我一直从事建筑教学和实践工作，自身的专业知识有所增长。我也访问过不少世界上著名的城市广场。理论和见闻的增加、种种经历更令我常常感到天安门广场之美中不足，心中深感遗憾。特别是改革开放之后，广场的主要功能已有很大的发展变化，原有的格局极不适应实际生活的需要。国家经济力量的增强，群众对文化需求的提高等诸方面之变化，造成广场改造之需要和可能均向成熟方向转化。为此，我曾于1990年代初向当时的北京市长提出，希望开展此项改造研究，并申请一些国家资助。但遗憾的是，此提议未得到有效的反应。至1996年，在清华大学建筑学院的鼓励下，我们再次向国家自然科学基金会申请资助，终获批准。

在新的基础上前进

1981年到1982年之间，我奉派去美国麻省理工学院做访问学者。期间，我遍访了美国东西南北多处主要城市的城市广场和大学校园。回国后的十余年中，我又有多次交流、工作、开会的机会，奉派或应邀去国外进行交流考察活动，足迹遍及亚、欧、澳、北非等众多国家。对比之下，我深感在世界诸多历史名都中，由于长期以来的各种社会因素的需要，城市均不免经历了各种建设、改造、破坏或更新等过程。能在初建时即有很好的设计，而能保持至今的确实为数不多。在半个多世纪以来的改造使用之后，天安门广场虽有许多不尽合理和不尽令人满意之处，但只要经过仔细的调查研究，广采博取各种好的建设性意见，对广场加以综合性研究处理，就能达到以保护历史文物和世纪建筑为前提，产生出一座世界上最为壮观而又有民族特色，与城市民族风格密切契合，合乎广大人民群众的需要，为他们所喜爱，最能代表中华民族尊严的国家广场。

我的日常职责和任务主要是教学工作。自20世纪80年代起，我兼做一些设计，为清华校内设计了图书馆扩建和一些教学楼，以及应外地各省市之邀做了一批文化、教育建筑的设计。事情多了，天安门广场问题不免放松了一些，但我仍禅思竭虑地思考着，如何能针对现存问题，拟出较理性的方案，并且逐渐由定性向定量方面深入研究。在使命感的推动鼓舞下，我利用一切业余时间，在原有初步设想的基础上，不断进行多种改善、优化，最后完成了这项设计构想。在工作之余，我遂将30余年来对此项研究工作的构思整理成文，并草拟了一些简图。从20世纪90年代起，我邀请了本校的一部分教授和有关专业人员，在清华校内组织了一个精干的设计小组，到现场进行了一些调查工作，我们尽可能地对设计进行量化和精细加工，分工将设计构想撰写成文，绘制出插图，并完成了“天安门广场改造设计研究”的第一轮初稿（此文已被收入《关肇邺选集1956—2001》中）。

这不是一项现实的工程任务，也不是一项需要立竿见影的研究任务，其仅仅是由个人所提出的一条学术性的探索。因此在一定程度上，它不具备操作的现实性。由于这项探索性的课题，牵涉到的问题具有一定的重要性和敏感性，在未经有关政府部门的认可之前，许多设计研究的基础资料都无法取得，例如地下设施状况等。因而，本项研究的实施与现实之间相距甚远，可能被人们认为是毫无价值的梦呓。然而，此项研究是由个人提出的，在许多方面与现实相距甚远，因而不少问题提得极其表面和肤浅，或只停留在定性层次，没有一定的定量深度；在许多围绕广场的重大问题方面，根本未能发现或未曾涉及等，但其未必是毫无意义的。我们认为，这项研究至少起到了以下几个作用：

一、提出了问题。任何事物之改进、改革、改善必从提出问题开始。问题提出后，则可引起有关部门和社会的注意和重视。这是解决问题的第一步。由于广场的现状存在着诸多问题，讨论者和探索者自然不会少。问题可从不同角度提出，并且每个人提出问题的深度也会不同。

二、阐明了改造的理论依据。由于天安门广场的特殊政治背景，人们总是习惯性地、下意识地将其视为不可触动的、神圣不可侵犯的圣地来看待。虽然明明知道其存在着许多问题，却不去设想和探索其可以进行彻底改造、优化的可能。本课题通过历史性的资料回顾，论证了广场从来就是在政治、社会和经济的重大变革之后，人们根据实际生活之需要而随之改造的。大变则大改，小变则小改。改革开放以来，我国的社会生活已随着经济、政治体制的变革而产生了广泛深刻的变化。包括城市广场在内的城乡建设事业发生重大改变，是一种必然的趋势。

三、提出了改造的基本思路。天安门广场及其附近地区的规划设计，已有过多次的探讨和各种不同的方案。本文所提的，则是一项动作较大、较为彻底的改造设想。其上承历史传统（与明清时代的千步廊相呼应），旁及世界经验和教训，针对现实生活状态，展望未来发展前景（进行地下空间的开发，走可持续发展之路），提出了一项较为全面、广泛的改造思路。如果其中任何一个局部设想能得到有关部门的注意，促使了其进一步的改造研究（例如国家博物馆的扩建，现已完成），都将是对本课题有所借鉴和促进的有意义的成果。

四、作为学术探索，一项建筑设计或城市设计方案，有时不能以其是否最终实现为唯一评价尺度。在建筑史上，有许多广为人知的设计方案流传下来，如伊利尔·沙里宁之芝加哥论坛报大楼、勒·柯布西耶之国联大厦和苏维埃宫方案等。虽未被获选或未被建成，始终停留在图纸上，但其设计方案一直被后人津津乐道，广为流传；而有些被选中的方案，反而鲜为人知。

在研究过程中，这项课题曾遇到过一些困难，如中途有两位负责重要章节的人员突然奉派出国进修。其他坚持工作的同仁，也都是在本有满负荷工作任务的情况下，另外挤出时间来做研究的。所以研究计划总是拖延；经费也较紧张，又不能及时得到补充，以致原拟研究费用较多的一些表现形式，如模型、动画等都大大地缩减了。但工作中最大的障碍，应该说还是自己思想中的犹豫和踌躇，未能始终抓紧时间。有时因别的事情太多，甚至产生了拖延或放弃的想法。好在最后终于克服了。在大家一致努力下，设计研究终于完成。

在1999年春夏，中央政府突然宣布对天安门广场进行“大改造”。其改造项目，主要是在广场全面铺装了花岗石地面，并增设了一些草坪以及增加了灯柱的照明度等。该项目声称，广场将使用50年不再变动。但这些，并未给还在紧张工作的本课题小组造成多大的冲击。我们对自己工作的基本理念是有信心的，虽然其必然要经过许多修改和完善的过程。即使广场真的50年、甚至或更长时间都不能触动，但我们仍然坚信，我们的这项研究工作是有意义的。另外，1999年的广场改造，也正说明了只要对城市建设有设想、理想和建议等，虽非身居庙堂之位，我们也应该积极地、负责地、无顾虑地及时提出来，以供社会各界去评论，学术界进行讨论和审议，以及为政府有关部门决策时进行参考。多些不同意见表达出来，再经过民主集中制的讨论和争议，总比什么也不想、什么也不做或突然地做出某些决定来要好一些。

在2000年6月24日，我们邀请了有关建筑、规划等专业的著名专家十余人开了一次审查研讨会。与会专家都做了热情的发言，一致认为此项研究极有创意，意义非常重大。有些专家提出了，应在此方向进行进一步的研究，使人民群众与天安门更加接近的设想等。对于此项设计，大家希望能继续努力进行深化、优化研究，并促使其早日实现。

由于此项设想属于国家级工程项目，对国内、国际影响极大，所以设计构想中的许多根本性改造项目必须为中央政府所知，必须要得到中央政府的肯定，并有更高级领导人出具相关批示，才有可能得到逐步的修改、优化、完善和实现。我于1995年当选为中国工程院院士，我遂想到通过中国工程院向中央政府呈递。在工程院，我们经常收到各学科院士对国家重大工程项目的建议和意见的复制件。我遂借一次院士大会开会之机，在建筑专业组院士的会议上提出设计构想，并征得了过半数与会院士的同意签名。后得知，《院士建议》有文字页数之限制，且不能有插图，我只得将此设计方案压缩为极为简短的数页文字。上呈之后，杳无音信。我们猜想，当前天安门广场当务之急是如何保证其安全稳定，此种较大规模的工程项目或许尚无法提上日程。

薪火传递

今天，我已是耄耋之年，年龄在不断地增长，体力和精神每况愈下，自知没有机会能亲自将这项研究进行到底，并最终或至少有一个阶段性的成果。虽然原来工作团队中的设计人员大部分正当壮年，但由于他们多数各有自己的工作任务，同时年纪尚轻，缺乏足够的经验和威望以及适当的社会地位，由他们负责带领一个精干有效的设计团队，未免心有余而力不足。这是最令我担忧的。

2003年，在清华建筑学院，我为博士生开设了“建筑与国家尊严”课程。由于闻讯赶来的旁听者太多，三年后我们又在硕士生中开设了同样的课程。在课程中，我们邀请了那些曾对某一国家首都相关建筑亲临考察研究的教师，来分别讲授了不同国家民族背景、民族特色的建筑和规划等教学内容。该课程后被评为“清华大学研究生精品课”。

此时，我已是年逾八旬的“资深院士”，老骥伏枥，虽然热情尚存，但精力和体力已实在不济。我深深地意识到，按照目前这种状况继续下去，那在我心中燃烧了60多年，曾经受到两位恩师所鼓励、众多专家所肯定的希望之火，终将会熄灭。我必须设法让它不要熄灭。唯一的办法，就是寻访到一位年纪较轻的、有能力的、有强大团队精神而又认同这项工作，有着同样或比我更强烈愿望的，工作地点在北京的志愿者，把这项有重大意义的工作承接过去，将天安门广场改造得更合理、更人性化、更美丽壮观。若非我们想象中的那样顺利，30年后设计项目仍无结果，我们就应该再找到下一位志愿者把“火炬”接过去，将它举得更高，并永远传递下去。

我所找到的第一位赞同这一设想，并同意参与此研究项目的，是中国建筑设计研究院的总建筑师、中国工程院院士崔恺同志。我们为此有过一次严肃而愉快的谈话。他首先建议，把原有的一些相关资料和设想编撰成书，或许可在社会上造成一定影响。这便是本书的由来。我们一致认为，只要能持之以恒，在更多专家和有识之士的共同努力下，这件事情是可以在不太长时间内完成的。甚至我们设想，在建党百年之时，将天安门改造设计项目基本完成亦是有可能的，这使我们伟大首都的中心广场焕然一新，在世界上大放异彩。这就是我毕生最大的，也是唯一的愿望。

关肇邺

2016年8月于蓝旗营寓中

第二部分
天安门广场的历史沿革及现状

“T”字形广场空间形制的由来
明清天安门广场的历史沿革及形制特征
近代以来天安门广场的变迁
天安门广场的定位
天安门广场的现状问题
天安门广场的空间、景观状况
天安门广场的绿化、照明及节日装饰
天安门广场上人们的环境行为
结论

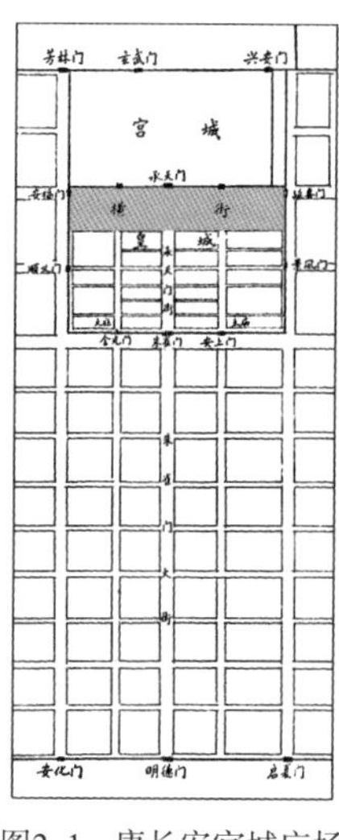

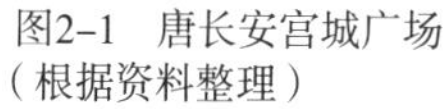
图2-1　唐长安宫城广场（根据资料整理）

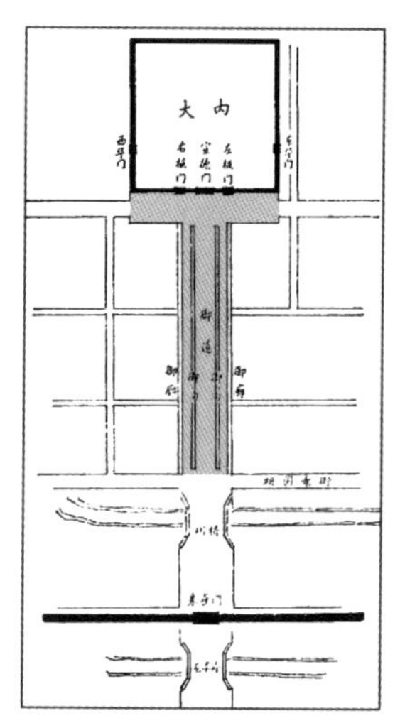

图2-2　宋汴梁宫城广场（根据资料整理）

“T”字形广场空间形制的由来

天安门广场的“T”字形空间，是我们古代城市中一种十分独特的空间模式。我国历代的帝都都非常重视皇宫南边的布局和建筑。“T”字形广场空间形制的形成，可以追溯到唐代长安城市规划。

1．唐长安城的“横街”

唐长安城创建于隋代，是我国古代规模最宏伟，布局最严整的一座都城。其东西宽约19里，南北长约17里。皇城位于城内中央的北部，紧贴北城墙。皇城内北半部为宫城，南半部为中央官署以及“太庙”和“社稷”所在地。长安城有明确的中轴线，从宫城南门“承天门”，贯穿皇城南门“朱雀门”，直抵大城南端的“明德门”。宫城前面为一条“横街”，宽近半里，面积约为6公顷。其东西长约5里，两端为皇城东西墙所封闭，各开一门，东曰“延喜门”，西曰“安福门”。这条“横街”，其实就是当时的宫廷广场。广场的功能是举行重要的宫廷活动，其空间亦是封闭性的。“横街”使宫城正面保留了开阔的视觉空间，将宫阙建筑威严气派的立面展现了出来，显示出统治者那“至高无上”的气势。

“横街”，是我国早期宫廷广场中较为完整的一种表现形式。隋唐东都洛阳的宫廷广场形式，也与之大抵相同（图2-1）。

2．宋汴梁城的“纵街”

宋代城市的特色与唐代有了明显的变化。宋都汴梁并非像唐长安一样，是个一次性规划而成的城市，而是在原有旧城的基础上逐渐改造发展而成的。其内外城共三重：中间的为内城，城内中央偏北为宫城，当时被叫做大内；外城环内城四周而建，与唐代皇城和宫城紧贴大城北墙的形式有所不同。城中亦有贯穿于各城南门的中心大道，宽约200步，又被称为“御街”或“御道”，相当于全城的中轴线（图2-2）。

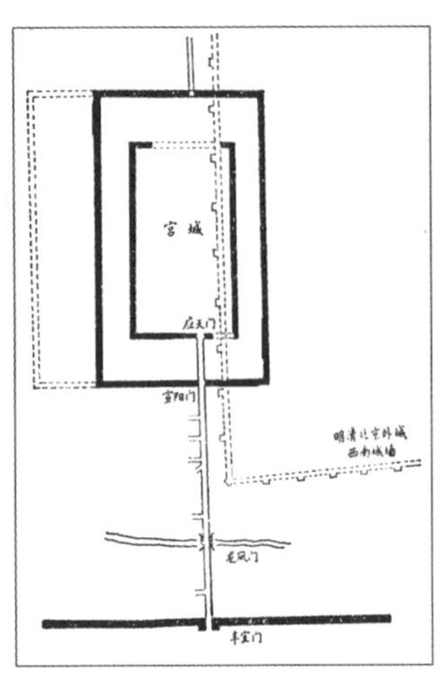

图2-3　金中都宫城广场
（根据资料整理）

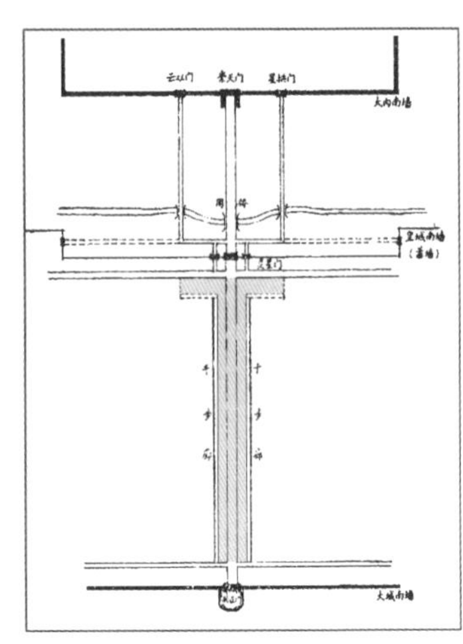

图2-4　元大都宫城广场
（根据资料整理）

在大内宣德门前的一段“御街”，也被拓宽形成了一个宫廷广场。其较之唐长安的宫廷广场颇有一些差异，如：

汴梁的宫廷广场以南北向的“纵街”为主。虽然宫城门前亦有横向放大的空间，但其宽度要小于纵街。而长安的宫廷广场则以“横街”为主。

汴梁的宫廷广场两旁虽为中央官署，但可任人自由行走，因此是半开放的。而长安的宫廷广场则是严格封闭的。

汴梁的御街两侧，向北正对宣德门的左右掖门建有东西两列千步廊，又被称为“御廊”。这是长安的宫廷广场上所没有的，也是在宫廷广场上修建千步廊的开始。

据史料载，汴梁御街中的千步廊内侧有御沟两条，水中植荷，沿岸植桃李梨杏，并开辟有花圃，因此广场中是有绿化的。这在长安的宫廷广场中则是没有的，在宫廷广场的发展进程中，也是具有特殊意义的。

唐、宋两代都城宫廷广场的差异，折射出两个皇朝所处的不同政治、经济形势。宋代中央集权较之唐代宽松，商品经济又较之繁荣，因而体现在宫廷广场的形式上，多了一些市俗之气，而少了一些威严之感，甚至在御街两侧千步廊中“许市人买卖其间”。这种情况，在其后漫长的中国封建社会的发展过程中，仅仅是昙花一现，从此再未出现过。

3．“T”字形广场空间的确立

金、元两代宫廷广场的形式，在唐宋宫廷广场的基础上得到了进一步的发展和演化。金中都的中轴线，也就是自宫城南门“应天门”至皇城南门“宣阳门”一段的御道两侧，也有两道千步廊。其东西并列，各200余间；御道较宽，夹道有水沟两条，沿沟种植柳树，很像汴梁御道的表现形式。其所不同之

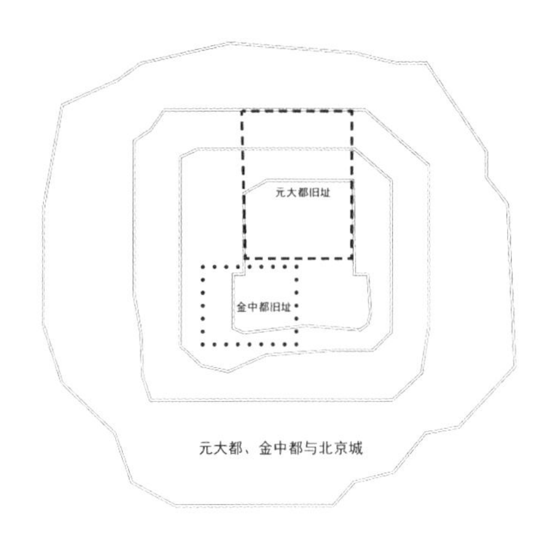

图2-5　元大都、金中都与明清北京城城垣位置对比图
（根据资料整理）

处有：汴梁的千步廊北端正对“宣德门”的两个掖门；而金中都“应天门”的两个掖门，由于东西相去一里许，故两列千步廊的北端在“应天门”前横街南侧各向东西转折“百许间”，直至正对着左右掖门为止。这使宫廷广场的空间形态，形成了由横纵两街组成的“T”字形的新格局（图2-3）。

元大都皇城位于大城南侧，而宫城又靠近皇城南侧。这样的布局，造成了宫城至皇城及大城的中心御道较短。于是人们在规划时，将历代位于宫城南门外的千步廊设在皇城南门“灵星门”至大城南门“丽正门”之间，宫廷广场相应也移至皇城南门外。这是宫廷广场的又一重大变迁。此外，元大都“灵星门”广场上的千步廊，其北端也承袭金中都的形式折向左右两个掖门。就这样，“T”字形广场的格局进一步得到了确立（图2-4）。

明清天安门广场的历史沿革及形制特征

1. 创建

在建筑史学界，较普遍的看法是天安门广场的修建始于明代。明成祖朱棣迁都北京，在元大都城的基础上加以改建，建造了北京城。其中包括平毁元故宫，于永乐四年（公元1406年）开始筹建宫殿。工程历时十四年，于永乐十八年（公元1420年）完工。此次改建，沿袭了我国历代都城规划的传统，设计布局十分严密完整。其不仅仅保持了外城-内城-皇城-宫城层层相套的格局，也使新宫城“紫禁城”成为全城的中心，处于层层城墙的拱卫之中；而且仿照传统方法，使用了按照一条纵贯南北的中轴线来安排一切建筑的布置手法。这条长约8公里的中轴线，纵伸穿过紫禁城的中心，南达永定门，北抵钟楼。全城最宏大的建筑和场地，大都安排在这条轴线上（图2-5）。

改建中，还将新宫城在元故宫旧址上稍向南移，并拓展了大城南部，使南墙移至今正阳门东西一线上；同时在其旧址稍北处另建皇城南墙。这样，由于皇城与宫城南墙的相继南移，使两者之间的空间距离大为开展。在这段拓展出来的空间中，人们仿效明太祖营建南京城的规章设计，将中轴线南北方向道路一段拓宽为纵街，宫城前东西方向道路拓宽为横街；在宫城南门承天门外开辟“T”字形的广场空间，并用红墙圈起，名曰“天街”。“天街”东西两端，各建长安左门与长安右门。其向南凸出的部分接通大明门。大明门内东西两侧，沿宫墙之内，修建千步廊；北端分别向东西折向长安左和长安右门。这样，大明门也就被看作是皇城南面的正门。“T”字形广场墙外，是中央官署的所在地，五府（前、后、中、左、右军都督府）六部（吏、户、礼、兵、刑、工部）对列东西。而大明门外直到大城南门正阳门之间，保留了一段被拓宽的横街。由于其形状方式像一个棋盘，故曰“棋盘天街”，是人们自南门入城和城市东西交通的会合点。这里成为商贾云集的场所。这样的布局形式和南京城如出一辙（图2-6）。

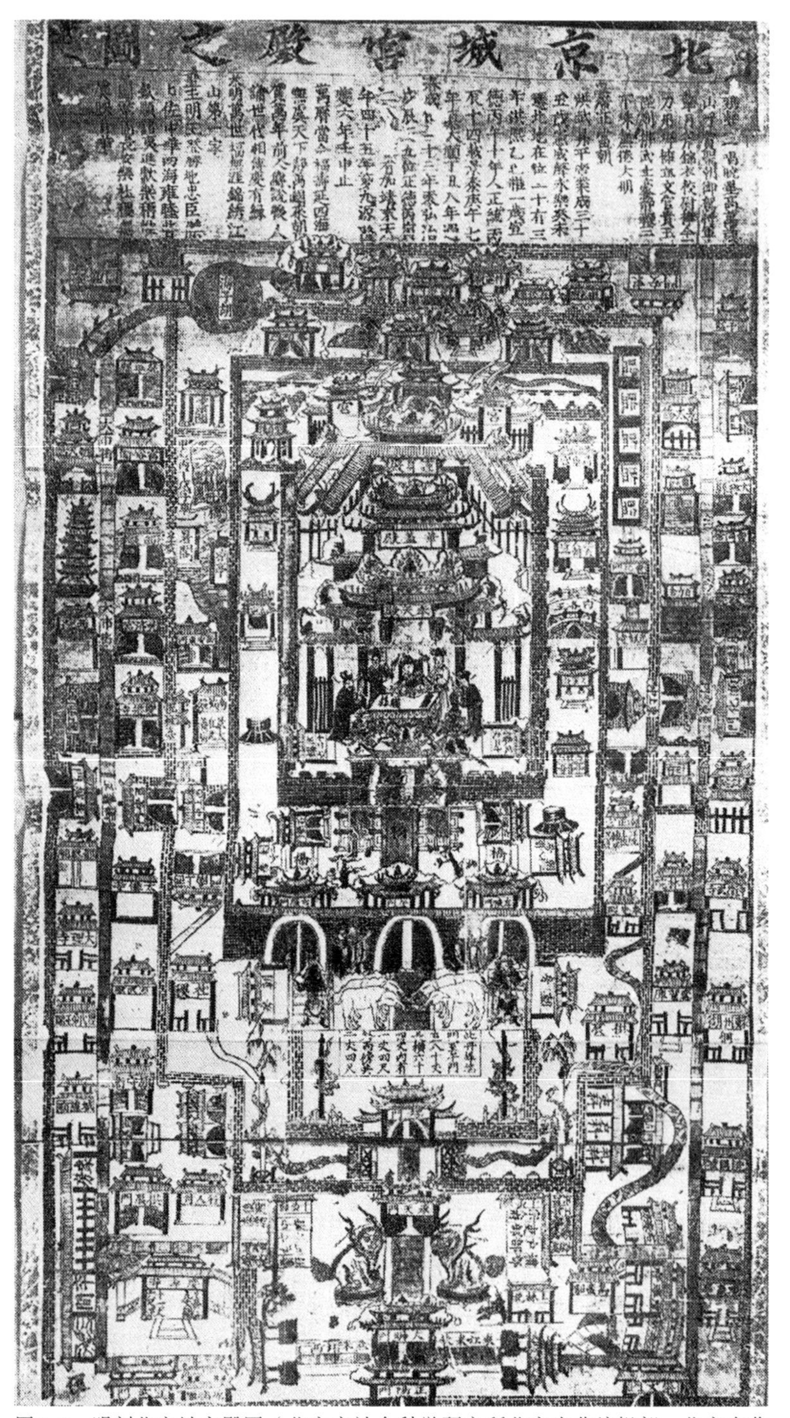

图2-6　明刻北京城宫殿图（北京市社会科学研究所北京史苑编辑部. 北京史苑（第三辑）[M]. 北京：北京出版社，1983，附录页.）

图2-7a 清代“大清门”，清灭改为“中华门”（闫树军. 天安门编年史：1417—2009［M］. 北京：解放军出版社，2009：37.）

图2-7b 清代天安门（赵洛等. 天安门. 北京：北京出版社，1980：35.）

图2-7c 清代的正阳门（傅公钺. 北京老城门［M］. 北京：北京美术摄影出版社，2002：27.）

2. 完善

在清代，人们未对北京城市布局作太大调整。天安门广场基本承袭明代之旧，只对部分建筑名称进行了更改，如“大明门”更名为“大清门”，“承天门”更名为“天安门”（图2-7）。广场上比较重要的变化是在乾隆十九年（公元1754年），在长安左、右门外的一段街道上增筑了一段围墙，以作为广场两翼之延伸部分；其东西两端各增建一门，分别叫作“东三座门”和“西三座门”。同时还在广场拓展部分的南墙上，左右各开了一个门，通向中央官署区，左曰“东公生门”，右曰“西公生门”。其形式风格，均沿袭了明代旧有的建筑。

从上述布局可见，明清两代的天安门广场，实际处于皇城之中。整个广场为宫墙和千步廊所封闭。即使是集中于两侧的中央官署，也被隔离在墙外，完全是一个封闭式的宫廷广场模式。天安门既是皇城的正门，是朝廷礼法所系之处；又是天子居住的宫殿大门。因此其地警备森严，庶民百姓是严禁入内的。清代，天安门广场“T”字形空间的两翼虽被扩展，并加强了与中央官署的联系，但广场的封闭程度却更增强了（图2-8、图2-9）。

作为当时最重要的宫廷广场，明清两代许多重要的宫廷活动都在此举行。在明代，承天门是宫廷举行颁发诏书仪式的地方。诏书在承天门上被宣读之后，要放在“云匣”中，用彩索系在“龙竿”上降下，然后由礼部颁行于全国。在清代，诏书

图2–8　清末天安门与千步廊旧景（闫树军．天安门编年史：1417—2009［M］．北京：解放军出版社，2009：30.）

图2–9　清末天安门前千步廊（闫树军．天安门编年史：1417—2009［M］．北京：解放军出版社，2009：31.）

图2–10　康熙南巡图中的天安门广场（故宫博物院编．故宫博物馆藏清代宫廷绘画［M］．北京：文物出版社，2001：62–65.）

在城楼上被昭示后，则要放在“朵云里”，用木雕的金凤凰衔下，称为“金凤颁诏”。在明代，长安左右门皆守以禁军，每日百官奏事，都从此二门进入。凡国家大典，方开大明门以供人们出入，否则常闭不开。每科新进士的为首前三名，在殿上胪唱传名后，即出长安左门，由顺天府尹候迎至署衙欢宴祝贺。故当时人们又依据“鲤鱼跳龙门”一说，将长安左门叫作“龙门”。此外，每年霜降后，吏部等衙门还在广场西侧举行“朝审”，对死罪重囚进行复审定案。广场内的千步廊，则是当时吏部和兵部选拔官吏的场所，被叫做“月选”、“擎签”。礼部还在长安左门前的千步廊“磨勘”，审查各地乡会试考卷（图2–10、图2–11、图2–12）。

这种封闭式的格局，对城市交通造成了很大的影响。由于天安门广场及紫禁城、景山、北海等在空间上的隔断，当时北京人从东城到西城，皆得绕道大明门（大清门）前的棋盘街或北皇城根（今平安大街），是极不方便的（图2–13）。

图2-11　天安门颁诏图（闫树军.天安门编年史：1417—2009［M］. 北京：解放军出版社，2009：33.）

图2–12　光绪大婚图中的天安门（路秉杰，天安门［M］. 上海：同济大学出版社，1999：57.）

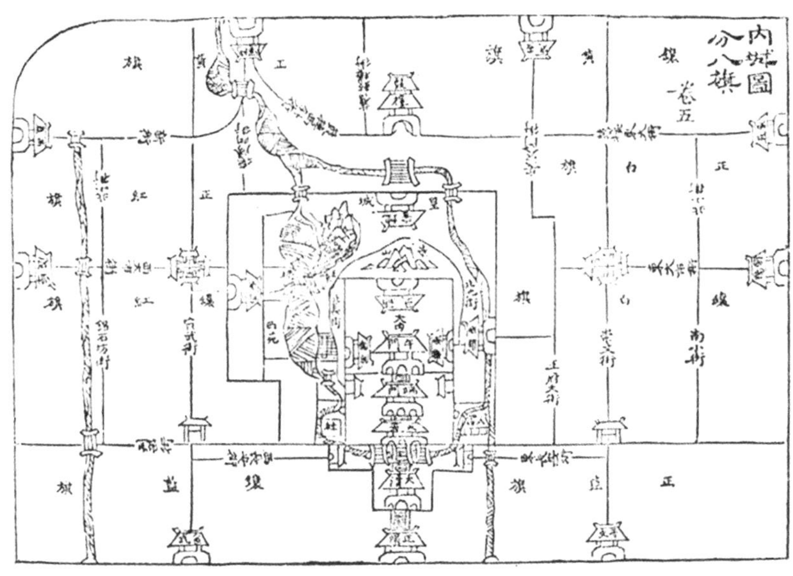

图2–13　清北京主要道路图（吴长元．宸垣识略．北京：北京出版社，2015：附录.）

图2–14a　清乾隆年间徐扬所作中轴线鸟瞰画（闫树军．天安门编年史：1417—2009［M］．北京：解放军出版社，2009：33.）

3. 形制特征

明清紫禁城的宫前广场区域，呈现为一种整体且封闭的“T”字形御街千步廊形式。

经过明清两代的传承，在北京城的不断规划和改造中，“T”字形广场的空间形制，达到了一种极端完善的状态。这种空间形制，与中国封建社会的文化思想是一脉相承的。中国的古代城市很善于利用建筑物来烘托空间气氛。在明清时期，天安门广场整体严格对称，周围是封闭又色彩浓郁的红墙，中央的石板路一直伸向天安门。道路两旁是联檐通脊的千步廊，一间复一间地重复着单调乏味的相同形式。这些建筑物虽然非常矮小，却恰恰烘托出中心大道尽端的天安门城楼，那高大宏伟的雄姿。通过建筑物的高大与矮小，简单与豪华，以及在空间形制中那“纵街”的纵长深远与“横街”的平阔开展的强烈对比，创造出一种无比庄严而神秘的气势。这种所谓气势，恰好符合历代统治者们那力求体现帝王之居的尊严和华贵，进而体现其皇权至高无上的心理需求（图2–14）。

“进大明门，次为承天之门，天街横亘承天门之前”，“其左曰东长安门，其右曰西长安门”。承天门前横街称“天街”，

图2-14b　明代宫城图（路秉杰，天安门［M］. 上海：同济大学出版社，1999：49.）

东西长约356米 。天街两端由宫墙封闭，东西各建长安左门和右门。

“天街”向南凸出部分止于“大明门”。门内两侧建宫墙，北端东西折分别接长安左、右门。大明门内有石板御路直抵承天门，长约670米 。御路两旁沿宫墙内侧建联檐通脊的东西向廊庑，共有一百四十四间，俗称“千步廊”。明朝正统年间，北至大明门、南至正阳门、东至文德坊、西至武功坊的棋盘街已经初步形成。长安左门、长安右门两门同“T”字形末端的大清门鼎足而三，是广场的三个入口，也是承天门三处的掖卫与前哨，并共同形成了“T”字形广场各端头的重点（表2-1）。

这些门楼的体型比例柔和，但所用材质朴素简单，饰以着色琉璃砖瓦，为颇具纪念性的建筑。

清史料载，“皇城之内，前朝悉为禁地，民间不得出入。我朝建极宅中，四聪悉达。东安、西安、地安三门以内，紫禁城以外，牵车列辇，集止齐民。稽之古昔，前朝后市，规制允符。”在“T”字形广场之中，亦有如同皇城各处的禁区要求。其中仅为皇家用地，民众甚少出入。其墙垣外侧亦设有如同东安、西安、北安三门的戍卫和防御系统。自明南京始，五府六部与宫城的联系始有削弱。其被置于皇城之外，位于千步廊两侧的禁垣之侧。在轴线设计方面，人们在宫城以南修建了大清门、千步廊直至正阳门一线，以一个窄长的仪式空间，延续了南面轴线 。由正阳门通往宫城南端承天门之间的狭长空间，是明清时期连接皇城与宫城的重要仪式场所（图2-15、图2-16）。

明清时期的整个广场，四周围绕着用黄瓦覆盖着的红墙，地面上铺着白石制作的板道。此外，横亘在北端的御河上还有五座白石桥和其上具有雕刻的栏杆。每座桥前有一对华表。全场的整体配色，限制在红色的壁面，黄色的琉璃瓦，带米白色的石刻和沿墙的一些绿色树木。用纯红、纯黄、纯白和绿色等简单的色彩来衬托北京那蔚蓝的天空，恰恰给予人们以一种无可比拟的庄严印象。

明清天安门广场主要建筑概况 表2-1

建筑名称	始建年代	规模形制	所在区位	空间使用功能	在外朝空间承担仪式活动
大明门（大清门）	明永乐朝始建；顺治八年（公元1652年）更名大清门[1]	“面南，正中三阙，上为飞檐崇脊，绕以石阑……石狮下马石牌各一。[2]”“甃以砖朱涂之，上覆黄琉璃瓦[3]”	“（大明门）大清门在都城正阳门内。”[4]	“凡国家有大典则启大明门出，不则常扃不开。”[5]	祭天、纳后、亲征以及帝后“梓宫发引”时，经过此门，非重典不开启
长安左右门	明永乐朝	“千步廊东接长安左门，西接长安右门，门各三阙，东西向。”[6]	—	—	—
千步廊朝房	明永乐朝	“（大明）门内千步廊东西向朝房各百有十楹，又折而北向，各三十四楹，皆联檐通脊。”[7]	“大明门、承天门、正南中为驰道，东西长廊名千步廊，折而左右。”	“廊房之外东为户部米仓，西为工部木仓。”[8]	“凡吏兵两部月选官掣签，刑部秋审，礼部乡会试磨勘，俱集于此。”[9]
承天门（天安门）	明永乐朝，顺治八年重建并更名	“五阙上覆以重楼九楹，形扉三十有六……其南石狮二，华表对峙。”[10]	“（大清门）北正中南向者为天安门”，“前临御河，跨石梁七为外金水河桥”，“其北相直为端门”	—	“凡宣布覃恩庆典诏书于门楼上设金凤衔而下焉。”[11]
公生门	正统元年（公元1436年）	—	“正统元年六月，作公生门于长安左右门外之南。”[12]	“东西长安门通五府各部，故作公生门以便出入。”[13]	—

1 参见《清会典》. 转引自单士元. 明清宫殿苑囿考［M］. 北京. 紫禁城出版社，2011.
2［清］于敏中. 日下旧闻考. 卷三十九. 引“明英宗实录”. 清文渊阁四库全书本
3［清］于敏中. 日下旧闻考. 卷二. 清文渊阁四库全书本
4［清］庆桂. 国朝宫史续编. 卷五十一宫殿. 清嘉庆十一年内府钞本
5［清］于敏中. 日下旧闻考. 卷三三. 引“长安客话”. 清文渊阁四库全书本
6［清］于敏中. 日下旧闻考. 卷九. 引“大清会典”. 清文渊阁四库全书本
7［清］于敏中. 日下旧闻考. 卷九. 引“大清会典”. 128. 清文渊阁四库全书本
8［清］庆桂. 国朝宫史续编. 卷五十一宫殿. 清嘉庆十一年内府钞本
9［清］庆桂. 国朝宫史续编. 卷五十一宫殿. 清嘉庆十一年内府钞本
10［清］庆桂. 国朝宫史续编. 卷五十一宫殿. 清嘉庆十一年内府钞本
11［清］于敏中. 日下旧闻考. 卷九. 引“大清会典”. 清文渊阁四库全书本
12［清］于敏中. 日下旧闻考. 卷三九. 引“明英宗实录”. 清文渊阁四库全书本
13［清］吴长元. 宸垣识略. 卷三. 清乾隆池北草堂刻本

图2-15　1902年光绪回銮进入大清门（闫树军．天安门编年史：1417—2009［M］．北京：解放军出版社，2009：31.）

图2-16　1902年义和团火烧使馆区后的天安门广场（闫树军．天安门旧影：1417—1949［M］．北京：解放军出版社，2009：53.）

图2-17　1913-1915年千步廊未拆的天安门广场（闫树军. 天安门编年史：1417—2009［M］. 北京：解放军出版社，2009：44.）

近代以来天安门广场的变迁

近百年来，中华民族的荣辱兴衰，在天安门广场的变迁中得到了集中体现。1900年，八国联军侵占北京。侵略者们烧毁了正阳门箭楼，列队直入宫城。天安门广场成为了他们牧马之地。他们在广场以东的中央官署所在地，修建了大片的“使馆区”。广场上的千步廊也被他们焚烧和破坏。后虽经清廷草草修复，却再也难以恢复往日的容貌了（图2-17、图2-18、图2-19、图2-20）。

图2-18　八国联军侵华时期的天安门广场（闫树军. 天安门旧影：1417—1949［M］. 北京：解放军出版社，2009：69.）

辛亥革命以后，天安门广场上的千步廊于1913年被全部拆除，仅余“T”字形的红墙；广场南端“大清门”更名为“中华门”。天安门广场的封闭格局被打破，并打通了一条东西贯通的通道。同时，由于广场以南正阳门的瓮城被拆除，并开辟东西两侧的城墙出入口，这些为人们从外城直达天安门广场，提供了进一步的交通和便利。天安门广场，就此成为南城中重要的南北和东西方向交通汇合点，其在城市的中心地位日益突出。

图2-19　1901—1902年天安门广场的封闭性（闫树军．天安门旧影：1417—1949［M］．北京：解放军出版社，2009：84.）

图2-20　1903年或1904年，天安门前的千步廊（闫树军．天安门编年史：1417—2009［M］．北京：解放军出版社，2009：31.）

1949年，中华人民共和国成立，在天安门广场举行了开国大典。天安门广场的改造，又进入了一个全新的阶段。以后，为了适应大型群众活动之需要，人们首先拆除了长安左右门和围绕“T”字形广场的宫墙。1949年9月30日，人民英雄纪念碑在天安门广场破土奠基，并于1958年5月建成。同年8月，中央政府决定扩建天安门广场。紧随其后，人们拆除了原广场两侧旧时中央官署所残余的破败建筑，将广场范围扩大至东西宽500米，南北长800米；并于广场两侧，兴建了人民大会堂和革命历史博物馆两座大型建筑。此外，改造工程还包括有扩建东西长安街，使之成为东至通州区西达石景山区，贯穿北京东西交通的一条通衢干道。天安门前的长安街，其宽度扩展达200米，成为广场向东西拓宽的两翼。1977年，天安门广场上又增建了毛主席纪念堂。人们在今天的天安门广场上所能见到的格局，基本形成（图2-21、图2-22、图2-23、图2-24、图2-25、表2-2）。

图2-21　1949年10月1日在天安门举行开国大典（赵洛等．天安门［M］．北京：北京出版社，1980：48.）

图2-22　1953年国庆节庆典中体育大队通过天安门（闫树军．天安门编年史：1417—2009［M］．北京：解放军出版社，2009：107.）

图2-23　1958年5月1日，人民英雄纪念碑揭幕仪式（闫树军．天安门编年史：1417—2009［M］．北京：解放军出版社，2009：134.）

图2-24 1958年的天安门广场（路秉杰，天安门［M］．上海：同济大学出版社，1999：70.）

图2-25 1976年毛主席纪念堂建筑开工（闫树军．天安门编年史：1417—2009［M］．北京：解放军出版社，2009：224.）

天安门改建情况概述　　表2-2

天安门广场改造活动大事纪	发生年代	改造后的场域面积
千步廊广场拆除千步廊两侧廊庑，改为绿植，重修东、西三座门	1913	东西宽500米，南北长860米，总面积43公顷，约为原宫廷广场的4倍
人民英雄纪念碑奠基；广场南侧扩展到棋盘街	1949	
1951年拆除东西三座门	1951	
为纪念在中国近现代历次革命斗争中英勇牺牲的先烈，1952年8月人民英雄纪念碑开工，于1958年4月建成	1952	
1952年拆除长安左右门	1952	
陆续拆除“T”字形广场外围红墙	1955—1957	
建成人民大会堂和革命历史博物馆（现为中国国家博物馆）	1958	
中央政府拟定在广场南区修筑毛主席纪念堂。纪念堂的选址为纪念碑与正阳门的中点。建设中，将中华门拆除，并拆除了原在这里的花木树丛，广场东西侧路向南一直拓通到前门东西大街，广场区域向南延伸至正阳门城楼下	1979	扩大至50公顷，从那时至今，广场格局不再改变

杨安琪 绘

图2-26　天安门广场鸟瞰图（新华社记者卢炳广 摄）

天安门广场的定位

1. 地理位置独特

自明初建都于北京以来，天安门广场处于城市的中轴线上，并且是这一著名空间序列的重要组成环节。在明、清时代，如果说作为宫前建筑的广场，成为此序列建筑群高潮的前奏，那么在现代，由于社会性质和人们社会活动的改变，广场已取代故宫成为中轴序列的高潮所在。无论是从历史沿革的角度上来看，还是在今天，或从北京市远期总体的规划来看，天安门广场都是中央的政治中心。

2. 政治文化意义特殊

明清以来，以至民初时代和中华人民共和国成立以后，天安门广场始终是象征着国家政治和文化的中心。尤其是“五四运动”以来，其成为革命运动的发生地和象征地。

3. 广场的主要使用性质的变化

中华人民共和国成立后，作为首都的心脏，天安门广场是国家庆典和政治聚会的重大场所。改革开放以来，虽然国家已不经常举行一些重大的政治集会，但根据人们的文化和心理需求，它所派生出来的一系列新的多种形式，必将取代原本相对单一的政治功能。

4. 广场周围建筑和设施性质的多样性

天安门广场周围，有重要的纪念性建筑，如毛主席纪念堂、人民英雄纪念碑等；有重要的文化设施，如革命博物馆及历史博物馆（现扩建为国家博物馆）、劳动人民文化宫等；有重要的政治活动场所，如人民大会堂、人大常委办公楼等；有一些具有重要保护价值的历史文物建筑，如故宫、太庙、社稷坛以及正阳门城楼等。此外，广场四周的长安街等，又是北京市中心地区最重要的交通枢纽之一。

综上所述，我们可以将天安门广场定位为：一个具有特殊综合功能的国家广场（图2–26）。

图2-28　协和广场的摩天轮（霍振舟 摄）

图2-27　巴黎星形广场（王珂等. 城市广场设计. 南京：东南大学出版社1999：彩页1.）

图2-29　比利时布鲁塞尔广场（Jan Morris. Over Europe［M］. San Francisco：Fog City Press，2001：160-161.）

关于国家广场的设计，原则上应与一般建筑、空间之设计采用同一原则，即两千多年前希腊时代所指定的“适用、经济、美观”。由于其所服务的对象不同，技术发展程度不同，当然要随其具体对象而有不同程度的掌握。国家广场的表达对象既是国家，在形象上应表达更多的庄重、纪念性等品格。在经济上或可放宽一些，而在形象上则更应“得体”一些。

以巴黎的主要轴线为例，其西段为壮观的星形广场及凯旋门（其近年来延长至德方斯且不论）。这个广场，原计划为拿破仑战胜回国进入巴黎中心之用，不意建筑未成而“英雄”已战败且殁于圣赫勒拿岛。这使得它第一次启用系为运回拿破仑的棺木所用。都是针对皇帝，也称得上“得体”（图2–27）。由此向东经“香榭丽舍”大街而达到“协和广场”。该广场之中心为由埃及掠来之方尖碑，路易十六在法国大革命时被革命群众押至此送上了断头台。此均属于国之大事，更增加了其庄重的意义。但近年却在此安装了“摩天轮”（图2–28）。这虽然对游客俯瞰巴黎有所帮助，但对广场之形象产生了极大的破坏作用，显然是从商业利益出发的目的。这种行为近年并不少见。在伦敦国会大厦沿河的对岸亦建有一座名为“伦敦眼”的摩天轮。它大大地破坏了作为伦敦标志的哥特式国会建筑，即包括大本钟及维多利亚女王塔在内群塔形成的大厦。此类案例都提出了历史文物与经济孰轻孰重的问题。

其他一些较小国家的重点建筑空间设计，虽然规模并不大，但尺度宜人，如比利时布鲁塞尔，在一座大门两旁以柱廊连接海事馆和皇家博物馆，只要设计得体，重视全貌和细节，同样有良好的庄重效果（图2–29）。除此，还有匈牙利布达佩斯的“英雄广场”（图2–30），罗马尼亚布加勒斯特的国会大厦前方远处以各种石材贴成如地毯般的铺装，等等（图2–31）。

图2–30　匈牙利布达佩斯英雄广场（Jan Morris. Over Europe［M］. San Francisco：Fog City Press，2001：239.）

图2–31　罗马尼亚国会大厦广场（Jan Morris. Over Europe［M］. San Francisco：Fog City Press，2001：207.）

图2-32　1949年阅兵（闫树军. 天安门编年史：1417—2009［M］. 北京：解放军出版社，2009：66.）

图2-33　2009年国庆阅兵（中国图片社 提供）

图2-34　2015年抗战胜利纪念大会（新华社记者查春明 摄）

图2-35　北京奥运会倒计时一周年庆祝活动（新华社记者刘卫兵 摄）

图2-36　升旗仪式（新华社记者唐召明 摄）

图2-37　放风筝的市民（新华社记者周良 摄）

天安门广场的现状问题

1. 广场的使用状况

（1）节日庆典、阅兵、集合游行等

这类活动已不经常举行。只是每逢“十一”国庆节时，人们要举行一些庆典联欢活动。一些特殊活动，如大阅兵等，则更少而无定期（图2–32、图2–33、图2–34）。

（2）欢迎国宾的仪式

一般只需要在人民大会堂的东门外广场举行。其地空间面积适度，又紧邻与贵宾会谈之大会堂正门，且不影响广场的大部分空间之正常使用。

（3）其他团体活动

作为某些竞技活动的起始仪式，如举办一些国际或国内的汽车拉力赛、马拉松长跑竞赛等（图2–35）。

（4）日常使用

包括每日的升降旗仪式（图2–36），国内外游客之观光，散步、摄影、放风筝等。这是在天安门广场上参加人数最多、最经常、影响最广泛的活动（图2–37）。

（5）临时停车场

每当在人民大会堂举行重大会议，如召开全国人民代表大会、中国共产党全国党员代表大会，以及一些国际国内的大型聚会，如国际妇女代表大会、世界建筑师代表大会等活动时，广场之西半部即成为临时停车场。由于广场没有任何视线上的隔离划分，各种会议和聚会期间，不仅游人不能在广场之西半部停留，亦完全破坏了整个广场之景观和气氛。

2. 广场周围建筑的使用情况（表2-3）

（1）天安门城楼

1988年1月1日，天安门城楼正式向中外宾客开放。至2015年1月1日的27年中，天安门城楼接待登楼参观的中外宾客达到6000多万人次。2015年“十一”假期之中，天安门城楼接待游客22万人次，比往年增长59.3%（图2-38）。

（2）中山公园

平均年接待游客约800万人次，促进和丰富了园内的游览、文化活动内容。

（3）劳动人民文化宫

平均年接待游客约500万人次，促进和丰富了宫内的文化活动内容。

（4）人民英雄纪念碑

不定期有外国元首政要来瞻仰纪念碑，并举行献花等仪式。另外，不时有青少年在此举行入团或入队仪式等。自1989年后，一般群众不能登上纪念碑平台（图2-39）。

（5）人民大会堂

人民大会堂，主要是供举行人民代表大会会议和国家举办国宴之用，同时也可作为群众集会和举办大型文艺演出之用。自1977年7月1日以后，人民大会堂开始正式定期开放，每年参观群众达700多万人次（图2-40）。

（6）中国革命博物馆及历史博物馆

中国革命博物馆及历史博物馆（现为中国国家博物馆）是广场周围建筑中面向群众开放程度最高，活动内容最丰富的场所。

2011年经改扩建之后，原馆内空间严重不足，各种功能不全等问题已得到完满解决（图2-41）。

（7）毛主席纪念堂

纪念堂每年接待前来瞻仰毛主席遗容的群众达数百万人次；日接待量达24500人次（根据1998年9月的调查）。从1977年对社会开放到2009年，已接待全国各族群众和国际友人已超过2亿人次。纪念堂北门外排队的人群十分杂乱；南门外的摊贩市场，与纪念堂那庄严肃穆的气氛不协调。纪念堂的警卫和管理人员，在纪念堂的东西二侧以隐藏在松墙内之活动板房作为临时解决工作和生活之用。其使用面积严重不足，建筑质量特别低劣，亦影响了纪念堂的周边环境气氛（图2-42）。

（8）正阳门城楼及箭楼

箭楼于1990年1月正式对外开放，被用为北京风俗陈列馆和工艺品商店。此兼顾文化和商业需求的初衷很好，但由于受到古老建筑的条件限制，同样出现了使用面积不足，建筑质量很差的问题（图2-43）。

图2-38　天安门城楼（课题组 摄）

图2-39　人民英雄纪念碑（课题组 摄）

图2-40　人民大会堂（课题组 摄）

图2-41　国家博物馆（课题组 摄）

图2-42　毛主席纪念堂（课题组 摄）

图2-43　正阳门城楼（课题组 摄）

天安门广场周边建筑概况　　表2-3

名称	建筑高度（米）	建筑面积（平方米）	建筑面宽（米）	屋顶形式	建造年代
天安门	34.7	4000	118	重檐歇山顶	1417年初建 1657年改建 1970年重建
纪念碑	37.94	—	—	—	1958年
毛主席纪念堂	33.6	2.8万	76	平顶、双立檐	1977年
正阳门	40.36	3000	95	三重檐歇山顶	1439年
箭楼	35.94	5000	35	重檐歇山顶	1439年
人民大会堂	46.5（后部）	17.18万	336	平顶、立檐	1959年
中国国家博物馆	42.5	20万（扩建后）	320	平顶、立檐	1959年初建 2011改扩建

广场北侧

广场西侧

广场东侧（行人正在闯红灯）

广场南侧

图2-44　广场四围的人、车交叉状况（过街通道可以解决人车交叉的问题，但是对轮椅、婴儿车等带来不便）（课题组 摄）

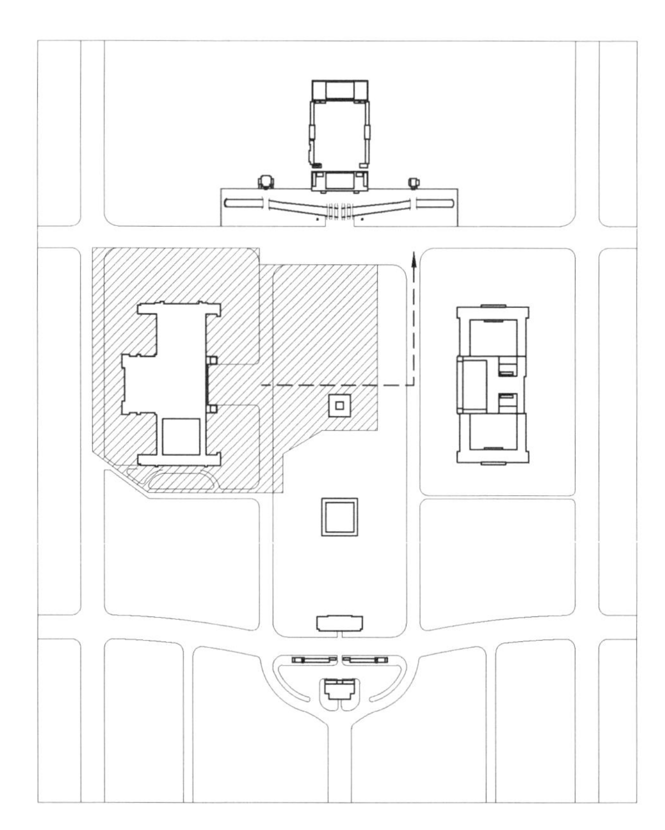

图2-45　天安门广场内开会时停车示意图

图2–46　会议期间，人大会堂前的机动车停车情况（课题组 摄）

3. 广场周围的交通状况

（1）位置问题

由于广场处于城市的中心位置，且南北两条干道间800米的范围内是一个整体的广场，其间不能开辟车道，决定了其周围的车流量很大。

（2）道路现状

环广场四周，其北侧为东西长安街；南侧为前门东、西大街；东、西方向为广场东街和广场西街。目前的长安街，人民大会堂及博物馆北侧路段宽达80米，广场东西街宽30米，且为单行线，均无车辆拥堵现象。前门东西大街路宽35至50米，时有车流不畅的情况出现。

（3）人、车交叉问题

由于广场被4条流量很大的道路所包围，形成一个巨大的“交通岛”。行人须从两侧安检进入，基本上所有出入广场的步行者，均须跨越至少30米之车流繁忙的马路。在这种情况下，在道路上极易造成人身伤害和危险，进而破坏了人们游览广场的心情并影响车速，导致或造成突发事件（图2–44）。

（4）停车问题

当前广场四周没有供普通汽车停车的场地。原在箭楼东侧有面积约为12400平方米的停车场，供8条始发线路的公交车使用。现这些场地已被改为绿地，公交车的停车问题尚待解决。

当人们在人民大会堂开会期间，有大量的机动车停在广场的西半部。据统计，1965年开人民代表大会期间，广场停大客车1538辆；小客车1319辆。而至1990年开人民代表大会期间，则大、小车增至近2000辆。广场所停小车的比重变得比较大；而每年在广场开会的次数，有逐年增加的趋势（图2–45、图2–46）。

广场不允许自行车入内。周围基本没有自行车租赁服务。

图2-47　巴黎星形广场（王珂等. 城市广场设计. 南京：东南大学出版社，1999：彩页1.）

图2-49　印度总统府前广场（Andreas Volwahsen. Imperial Delhi［M］. Prestel Publishing，2002：146）

图2-48　梵蒂冈圣彼得广场（王珂等. 城市广场设计. 南京：东南大学出版社，1999：彩页2.）

天安门广场的空间、景观状况

1. 广场的空间布局

天安门广场内及周边建筑，取完全对称的格局。作为北京城中轴线的一部分，其设计是合理而自然的。广场中轴线上北半部开阔，南半部空间相对紧密，这种弛张有序的变化，亦属得当。

2. 广场空间与建筑体量的比例关系

从空间艺术角度来说，广场空间和建筑体量的比例关系失当，是天安门广场的最大缺点或缺陷。中华人民共和国成立以后，在1950年及1977年，天安门广场进行过两次大规模的改造。这些改建，都是单纯地从当时的政治形势需要出发，缺少多方面的综合考虑，且都是在一年的超短时间内仓促完成的。这些短视的行为，造成了新建建筑物与其间所形成之广场空间，以及与历史上留下的原有建筑物，在尺度上完全脱节。

3．广场的主题和主导建筑

城市广场名义上的和体形上的主题，赋予了广场以个性。广场上的主导建筑，则一般是“画龙”后的“点睛”。在这方面，人们对国家广场自有一种最高的期待。在封建社会，国家广场一般是在王宫前，主导建筑理所应当地是王宫；而在共和制的国家里，广场一般是在议会大厦前，主导建筑当仁不让地是议会大厦。广场空间和主导建筑之间，应有一种恰当的关系和处理，使其具有最大的艺术感染力。在这方面，在世界有许多著名的国家广场可资比较和以供借鉴。在巴黎星形广场那圆形的中心，耸立着高大的凯旋门。其主题和主导建筑都极为明确（图2-47）。梵蒂冈圣彼得教堂雄踞广场的一端，两旁有雄伟

图2-50　华盛顿市中轴线及广场（筑原设计.21世纪初中国城市设计发展刍议［EB/OL］.http：//www.artmangroup.com/get_ad.jsp?one_id=352&two_id=496&three_id=&id=3438& curPage=1&pageSize=13&pageAction=，2012.7/2017.2）

的伯尼尼的柱廊拱卫着（图2-48）。巴西利亚的双塔双盘形议会大厦，耸立在三权广场的尽端。印度的总统府以其远高于两侧政府大厦的穹顶，成为新德里中轴线的对景。（图2-49）这些处于广场一端的主导建筑诸例的共同点，是这些建筑皆具有足够大的高度和体量，足以显示其在广场的主导地位。虽然，伦敦之白金汉宫的建筑体量不大，宫前广场的面积也不足以称辽阔，但由于广场周围均以公园绿地环绕，作为王宫的白金汉宫，在此环境中依旧可显示其明确的主导地位。在华盛顿的城市中轴线上，明显地矗立着三座宏伟的主导建筑。东端国会大厦正门的对面，为国会图书馆和国家最高法院。在气势上，国会大厦的穹顶高度和建筑面阔，均足以统率广场空间及对面的建筑物而成为主导建筑（图2-50）。从国会大厦之背面来看，由于其

图2-51　华盛顿林肯纪念堂（张利 摄）

处于山坡之上，且城市规划严格限制了其他一切建筑物的高度，因而在大草坪的很远距离内遥望，仍能感受国会大厦的那种震慑力和控制力。在大草坪的中部偏西，华盛顿纪念碑则依靠其绝对高度，成为周围环境的绝对点睛之笔。处于轴线西端的林肯纪念堂，其体量和高度均较小。但其四周均以绿地和水面围绕，加之纪念堂本身又具有的那强烈的纪念性品格，所以其仍能成为这一环境中突出的主导建筑。值得一提的是，近年在林肯纪念堂近旁又修建了一些新的纪念性建筑，但这些建筑物，均注意到以其矮小的体量隐藏在绿树之中，没有出现任何喧宾夺主的情况（图2-51）。

巴黎协和广场三面环绿地和河水，北侧只有一些陪衬性的建筑物。整个广场及四周均无主要建筑物，其空间松散空旷而似乎缺乏点睛之笔。但就总体来看，作为一个东起卢浮宫、西抵凯旋门的长轴线的中间点，协和广场没有建立一座突出的建筑物来作为主题标识，似乎也还算可以说得过去。

天安门广场的主导建筑是哪一座?从所处位置、格局、历史政治意义和人们的心理期盼等方面来看，天安门城楼应是广场的绝对主导建筑。但从建筑之体量、高度、面积、面阔等方面来看，在广场中，天安门城楼属于最矮小的建筑物之一。天安门位于广场轴线尽端，相对于空阔的场地和两旁那些庞大的、本该当作陪衬的建筑物而言，其却实在达不到一种雄视一切的主导地位。环绕广场周围以及其间的建筑物，它们的建筑高度所差无几。按照前文所进行的分析，天安门广场可定位为具有特殊综合功能的国家广场。于是就有专家提出，广场的主题或主导建筑就是“广场本身”。在这铺设着花岗石的场地上，人们可以进行着日常性和特殊性的各种活动。从使用功能上，固然人们可以去这样理解。但从视觉艺术上来说，我们则不能不认为，广场是存在着缺憾的。

图2-52　在长安街看天安门广场，纪念抗战胜利70周年大会（新华社记者殷刚 摄）

4. 动态下的景观变化

20世纪60、70年代初来京的学生们，在迫不及待地去看了他们向往已久的天安门之后，大多数皆表现出一种失望之感。他们心目中神圣而壮观的天安门城楼，竟是这样地小而不起眼。因为以往他们所见过的图片，都是从最佳视距所拍摄的。无论是正面或侧面，大约离开建筑物的距离不超过100米。那是一个非常雄伟的形象。现在当人们亲身来观看时，无论是由东西长安街还是由正阳门之一侧接近广场，都可以距建筑物千米之遥，见到一座小小的红色天安门城楼，处在一个极大的广场之一端（图2-52）。建筑是空间、时间艺术。人们在其间活动时所见形象的变化，是决定其对艺术品视觉感受的一个重要因素。中国传统建筑艺术的重要特色之一，是建筑物与建筑空间之间的完美组织和结合。其必须按恰当的比例关系组成序列，达到一种突出重点、衬托高潮的目的。今日的天安门广场，完全背离了这一规律。20世纪80年代以来，电视艺术和技术达到了一种高度普及。初次来京的游客们，早已熟悉了天安门广场的空间形象，及至亲临，人们对这种感觉也就习以为常了。今天的年轻一代，乃至于他们的后代，将永远不能体会到原来广场空间形象的严谨和丰富，特别是在人们行动时所感受到的各种变化。

天安门广场的绿化、照明及节日装饰

目前天安门广场的主体，北半部之绝大部分地面是硬质铺装，只在四周靠近建筑处，有少量绿地树木。从群众性聚集和作为国家广场之所需的庄重气氛来看，广场的这种设置是需要的。但同时，这也给广场的小气候和环境带来了一定的缺憾。这个夏日无任何遮荫的“热岛”，其温度较城市内的其他场地高出很多。

广场照明方面，在很长一段时间内主要依靠1958年建成的两列花灯柱照明。此灯的灯柱较高，灯光向上散射时，可造成地面照度差和亮度不均匀等不良效果，照明效率也较差。为了保持广场的形象延续不变，灯柱迄今未给予更换。后为了解决各种节日晚会上电视转播之需，广场上又加了下射灯及四支高达40米的高杆强射灯。其照明艺术效果犹如货场、集装箱码头和闹市。这种只从技术角度出发的设计，完全破坏了广场的尺度感和人们的舒适接受度。为了追求一种均衡效果，射向建筑物的照明灯，也被层层加码，如在人民英雄纪念碑上竟达到了1000勒克斯（图2-53）。在设计广场照明灯时应该考虑周边建筑物和人的尺度，不宜一味地追求效率。

由于广场的形象非常空阔单调，所以在每逢重大节日之时，政府均有临时装饰美化之举。自1985年开始，每逢国庆节，人们在广场上摆放花坛，加设喷泉水池和各种吉祥物，以及各地名胜缩微等人造景点。在一般情况下，临时美化的时间由9月20日起，持续到10月底，保持40天。1998年国庆，广场上共用鲜花300多万盆。为此，北京市园林局的全体工人们，需奋力工作三个多月的时间（图2-54）。

图2-53a　纪念碑下的小片草地（新华社记者张铎 摄）

图2-53b　人民英雄纪念碑的照明（新华社记者殷刚 摄）

2002年（新华社记者王呈选 摄）

1997年（新华社记者宋连峰 摄）

2009年（新华社记者何建勇 摄）

图2-54　历年国庆节期间天安门广场主花坛，1986年为第一次摆设花坛

图2-55 天安门广场上人们的行为（课题组 摄）

天安门广场上人们的环境行为

到天安门广场来观光游览的人们有如下特点：首先是在一年中，来广场的人群数量差别极大。严冬或夏日几乎少有人停留，而春秋季节则会有较多的人长时间逗留在广场。节假日或有大型活动时，则人群密集，达到了一种摩肩接踵，人满为患的程度。再者，外地和外国游客多于本市居民。

人类的行为，受环境的制约和影响很大。目前天安门广场的实际状况，对观光者们所提供的条件是很差的。在进出广场时，行人需穿越车流繁忙的马路，周围环境很不安全。广场面积极大而无处可以休息，体力不能坚持的人们只能席地而坐（图2-55）。广场上没有任何可以挡风遮雨的设施，特别是烈日曝晒，对游人形成了最大的威胁；没有最起码的服务性设施，包括问讯处、最简单的饮食供应点和小件寄存处（图2-56）。有许多手提行李的外地游客，则直接来自车站。广场内也没有留影纪念和简单的旅游物品供应设施，如旅游指南、地图和纪念品等。最重要的是，场内没有生活必需的公共洗手间。处在广场中部纪念碑附近的游人，去距离最近的公共洗手间（北面

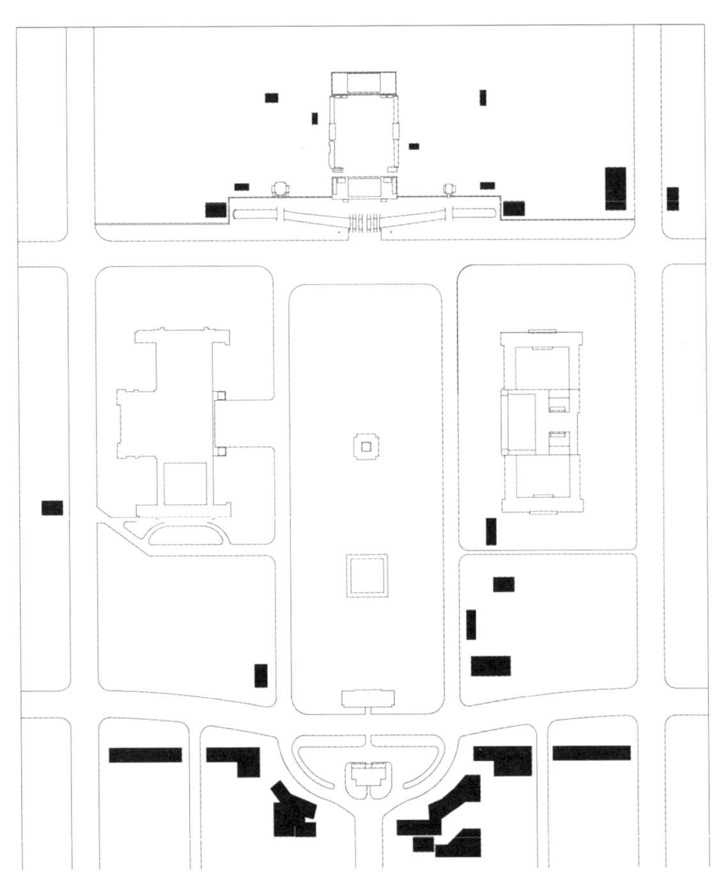

图2-56 天安门广场地区服务设施分布图

图2-57 天安门西侧的卫生间；广场上的“食品、饮料”移动售卖点及垃圾桶；广场上的临时照相点（课题组 摄）

在中山公园门外，南面在前门箭楼西侧），大概要走600米左右，且均需跨越马路。这种条件，使人们无法在广场中久留；出去购物或如厕之后，也很难再回到广场去。由于广场中缺乏最起码的服务设施，使得一些不法分子趁虚而入。他们常常以拍照留影为名，骗取游客的信任和钱财，让游客蒙受了不必要的损失。有关部门已经对此发出了呼吁，要求在广场增设一定量的合法的服务设施（图2–57）。

天安门广场对游人的吸引力，主要在于其重大的政治、历史、文化意义，而非巨大的空间和环境质量。世界上著名的景点有两类：一类是其令人流连忘返，具备了一种吸引人的魅力。这种景点，使人们游毕了仍想再游，甚至多次不厌。另一类，则是因其巨大的声望而不可不来，但亦不必再来的。现在来天安门广场上的旅游者，大部分为外地人或外国人。如不对广场设施加以优化改造，令其具有让游客逗留较长时间的条件，则天安门广场有沦为第二类景点的危险。

结论

天安门广场自明初建成至民初第一次改建，历时500年。其间只在明清之交时，将“大明门”上之石匾额反过来，改刻“大清门”即完成了改朝换代的必要举措。广场的空间、建筑并无改变。这是500年间实际社会生活几乎没有变化使然。而由民初至1958年不到40年间，广场则经历了几次重大的改建。现在除去天安门城台、金水河及其上的五座桥外，几乎已无一点是原地原状原物了。这充分说明了广场的形式总要随社会公众生活之实际而发展变化。

自1958年至1978年的20年间，作为世界上最大的城市广场，已经历了无数次壮观的、喜庆的、欢乐的以及悲愤哀悼的不该发生的场面。这广大的空间为这些活动提供了恰当的场所。但自改革开放政策实行后的30余年间，这样的大场面只举行过屈指可数的几次，而1958年以来的50余年的20000天间，这个空旷的广场，对于每天数以万计的市民和观光者来说，并不是一个理想的环境。尤有甚者，作为特大城市的中心地区这样大的土地，其潜在的社会价值和经济价值还远未得到实现。这从城市经济学的角度看，也是不合理的。改造势在必行。

第三部分
天安门广场的环境设计与探讨

广场优化设计原则
广场优化设计构想
地下空间开发利用

广场优化设计原则

人们对建筑及人造空间的根本要求，不分地域、民族，自初始至今是一致的。两千多年前罗马时期的维特鲁威把它概括为三点：适用、坚固（经济）、美观。长期以来社会持续发展、技术不断进步，这三点在原则上却并无变化，因其形成的源头是永恒的，那便是“以人为本”。如，“适用”应满足人在其中的舒适、便利、安全等要求；“经济”应做到建造时的节约人力、物力，建成后的坚固、安全、易于维护，使用过程的环保、绿色等；“美观”则主要表现为人在一定的建筑环境中，不论室内或室外，要产生一种愉悦的情感，得到精神上的满足。进而言之，它可以对人的精神起到一定作用，让人产生欣赏、喜爱、崇敬等情感，甚至受到教育。一些有重大意义、纪念性品格的建筑环境，在这方面的特征尤为突出。天安门广场当然属于这一类。

在审美方面，亦有一个标准，仍是“以人为本”。人体的高低在一个固定的范围之内，所以自古以来，人体尺度是衡量空间尺度是否适当的重要参照，人喜欢在适合自己尺度的空间中活动、休息、工作。当然“晤言一室之内”适合小尺度的空间，“放浪形骸之外”则适合于阔大的室外空间、山水之间。建筑的细节方面也要注意到人最习惯的、公认为最美的比例，即人体的比例。如头为身的七分之一或八分之一左右，横伸双臂之长与身高相类等。这些比例关系无论在西方希腊罗马时代，或中国的传统建筑，以及其他古代建筑文明的体系中都与空间有相当密切的关系，这是我们建筑“尺度感”的重要标准。

天安门广场改扩建在中华人民共和国成立十年大庆前的一年多时间中仓促启动，极短的时间内由目标设定、规划及建筑设计，到开工建设，最终能够按时基本建成已是绝大的胜利，哪里还有花时间吹毛求疵的可能呢？所以今天的广场在设计上存在重大、明显的缺憾，就是难以避免的了。其最大的问题是

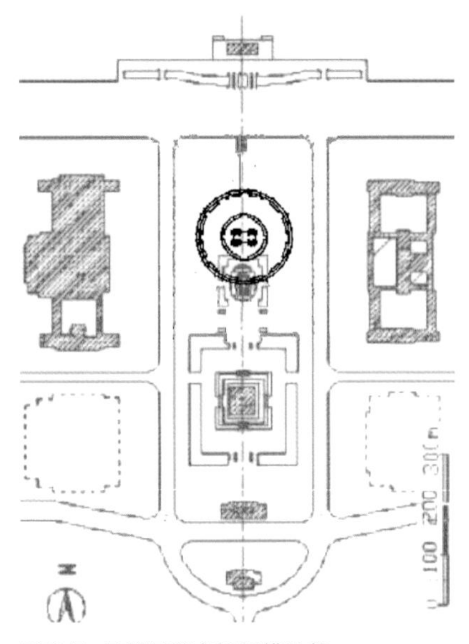

天安门–巴黎星形广场规模比较

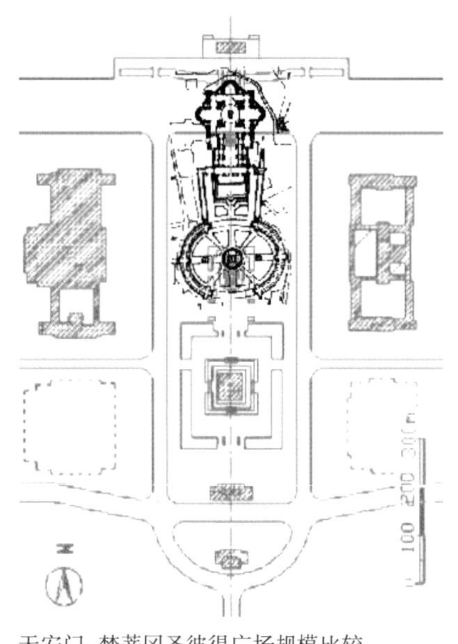

天安门–梵蒂冈圣彼得广场规模比较

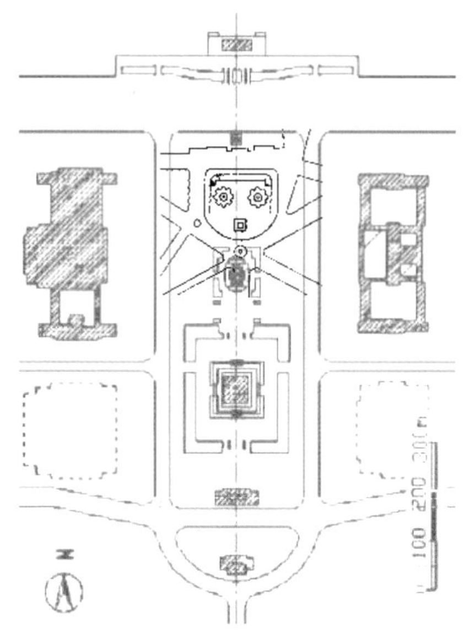

天安门–伦敦特拉法加广场规模比较

图3–1　天安门广场与世界著名广场规模比较

面积过大，缺乏人的尺度感。古今中外没有哪个著名的广场有如此大的空间（图3–1）。同时，在一个对称的建筑空间里，人们习惯主体重于两边的陪衬。而在此空间，最大的体量为两旁的大会堂、博物馆，大大压过了中轴线上的天安门城楼及纪念碑、纪念堂；且与人的尺度相差太远，非常缺乏人性化设计。在“适用”方面，偌大空间中没有坐下来休息的设施，没有遮荫避雨的地方，没有最起码的饮水、购买纪念品的供应点，没有如厕的场所……有没有可能为以上所列以及其他未列的问题，找到统一的解决方案呢？

我们认为广场优化应遵循的原则：

A．不是更换地面材料、更换灯具、补种草坪等局部性的、临时性的、表面性的改造。广场应进行彻底的改造，最大限度满足城市生活需要的、大大提高城市空间艺术质量的改造。

B．广场在满足了日常群众需求，即体现其社会价值、经济价值和使用价值的同时，应绝不降低其原来的政治功能和价值；不妨碍偶一举行的群众集会、阅兵庆典和群众游行。作为首都核心地位，具有国家象征意义的中心广场，不能降低其庄重、严肃气氛。

C．改造方案应是理性的产物；应是研究了历史、现状和生活需求基础上合乎逻辑的发展；艺术风格应是广大群众所认同、所乐见的。

图3-2 从空中俯瞰天安门广场，“新千步廊”将大而空旷的广场分成不同大小不同作用之主次空间

广场优化设计构想

1. 广场中增建略成“門”字形之长廊

其作用是将过大而空旷的广场划分成不同大小，不同作用之主次空间。长廊的构想具有历史的回响（明清时的千步廊），同时符合一般的构图规律。在一组建筑序列中，当人在一个建筑序列中向着其目的地行进时，连续重复的韵律感是衬托建筑“高潮”的最有效手段。如梵蒂冈伯尼尼的大环廊之于圣彼得教堂、巴黎蒂弗利大街拱廊之于卢浮宫，北京端门内两庑之于午门等，不胜枚举。天安门城楼将因长廊之兴建而显现其应有的庄重和辉煌。或可称之为“新千步廊”（图3–2）。

2. 长廊不应是历史上旧千步廊的简单重复

由于时间和空间均已有很大变化，“新千步廊”的设计需要根据新的条件重新构思。在旧千步廊已拆除了近百年、红墙已拆除了50年、广场扩大了40年之后，人们已习惯于较开阔之视野。因此新千步廊在平面布局上、空间和建筑自身的尺度上均有所扩大。它是通透的而非封闭的廊，以体现其开放的、民主的、群众性品格，并显现出多层次的、丰富的空间效果。

3. 新千步廊将广场划分为如下空间：

1）门前广场

2）中央广场

3）纪念堂广场

4）四处小广场

5）广场东街和广场西街

共计五类空间（图3–3 ~ 图3–7）。

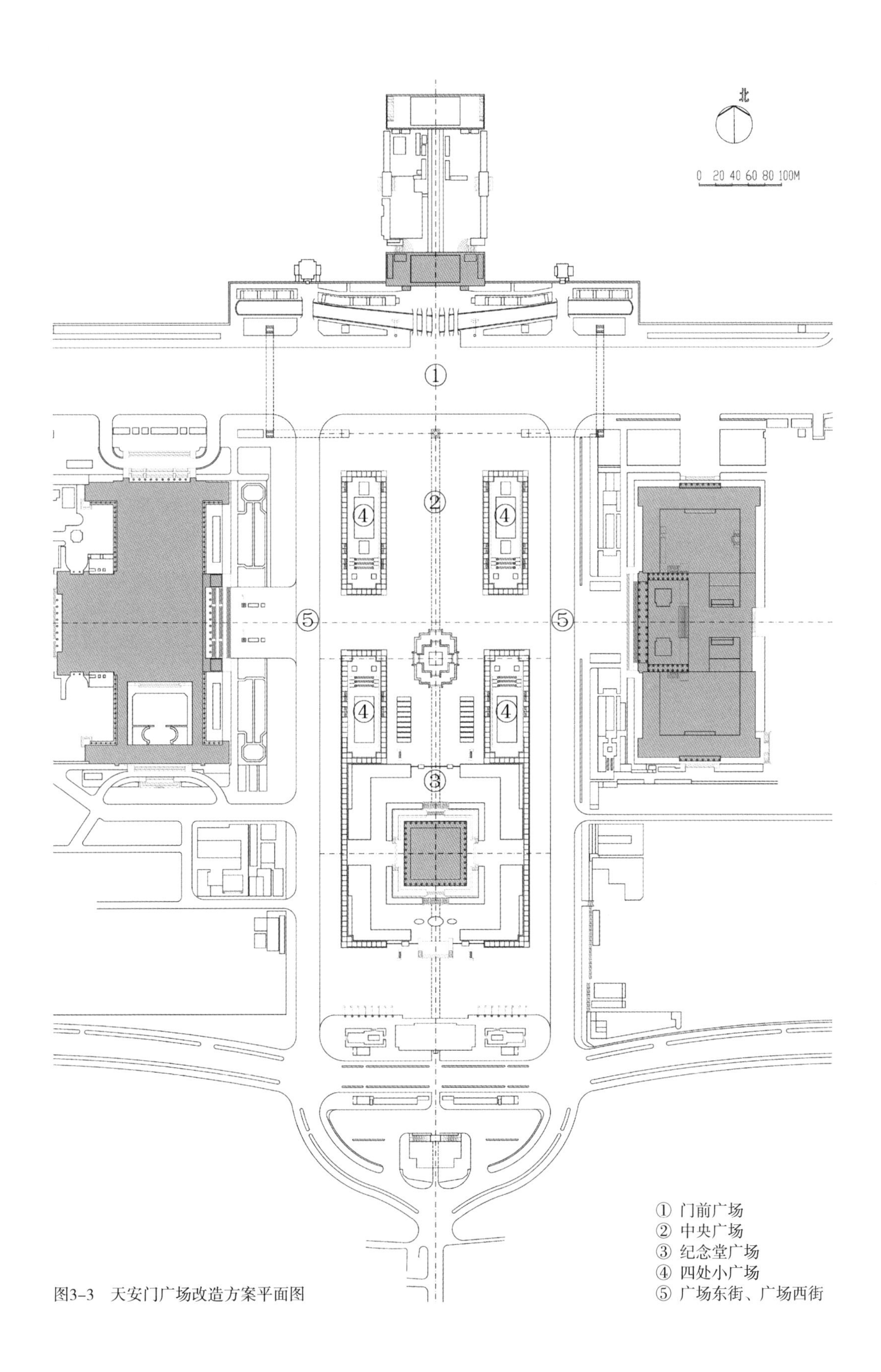

图3-3　天安门广场改造方案平面图

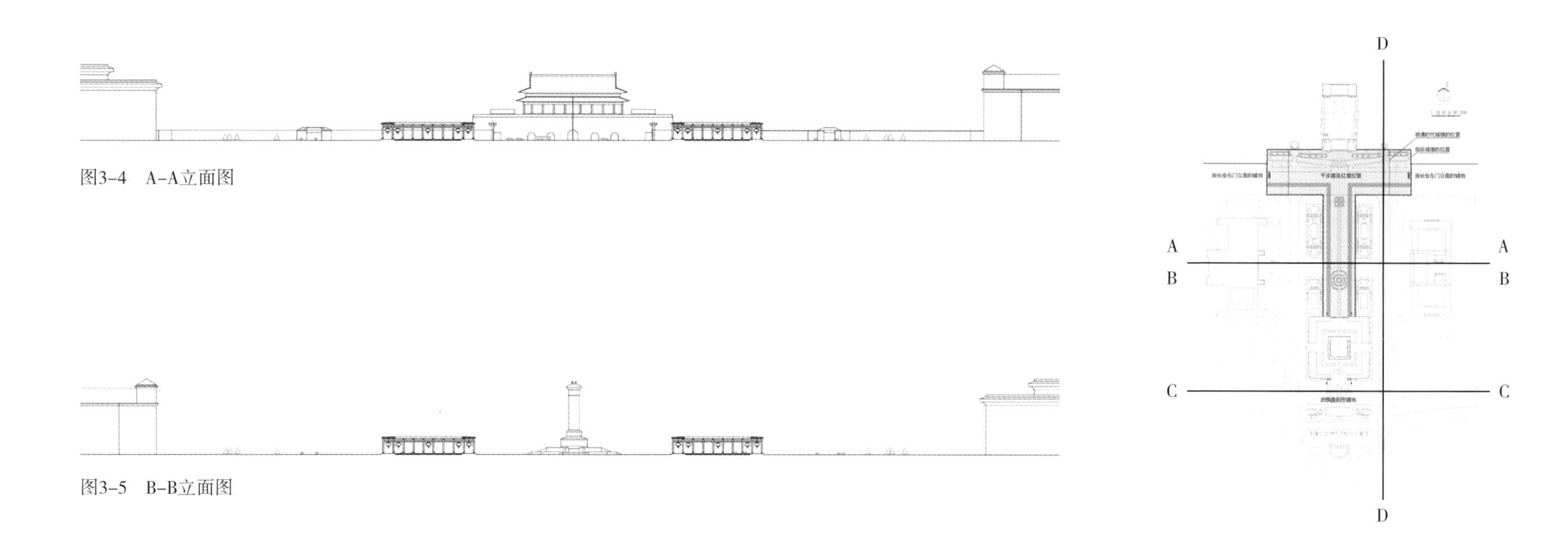

图3-4　A-A立面图

图3-5　B-B立面图

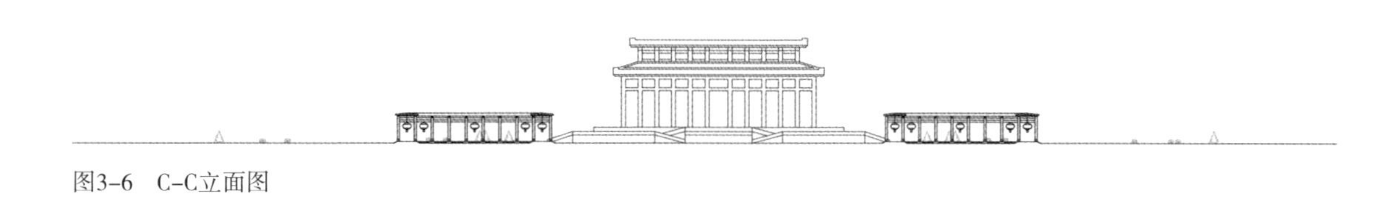

图3-6　C-C立面图

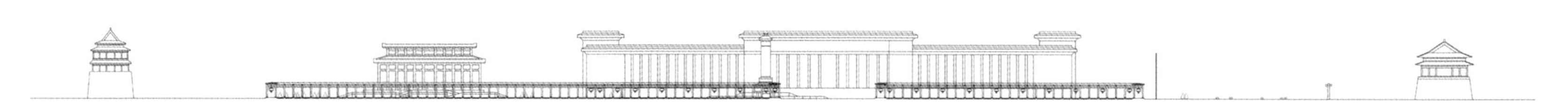

图3-7　D-D立面图

（1）门前广场

东西长500米（新建东西“阙楼”之间），南北宽180米（由天安门城台至长廊北端），大于原东西三座门及红墙间的范围（东西350米，南北160米，图3-8）。在此范围内可得到观赏天安门的最佳视距，是主导建筑天安门的体量、气势之有效控制范围。门前广场是东西长安街和广场东西街的衔接处，因此它必须承担大交通量通过的任务，其宽度可适当加宽。

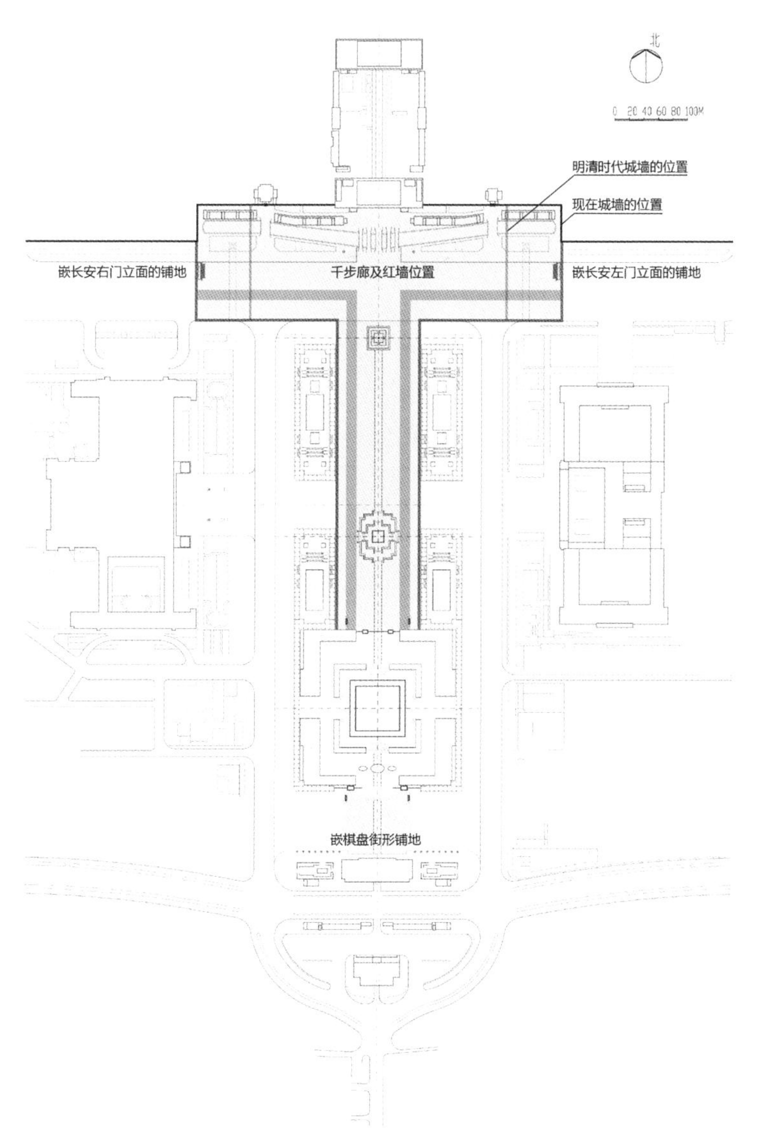

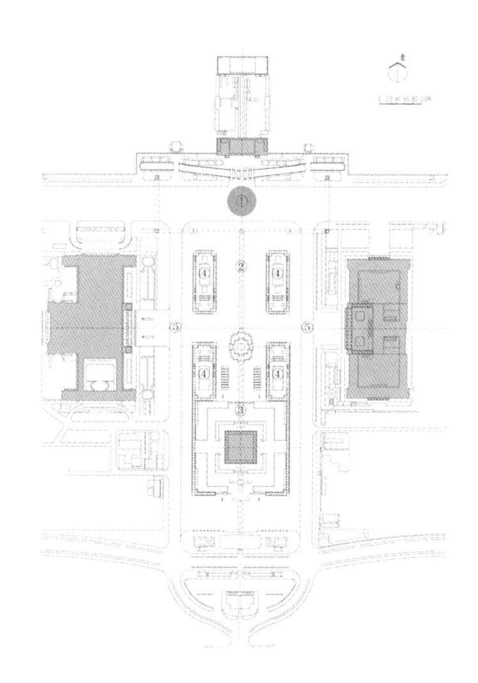

图3-8　天安门广场历史印记的重现

（2）中央广场

中央广场长380米，宽120米，是天安门广场空间的主体。它以两侧整齐划一的柱廊形成界面，视线由长达380米的连续韵律引向天安门（原由端门起至午门止的两端朝房长度为 260米）。在此范围内不设花坛、草坪、灯柱等城市家具，成为世界上以两侧柱廊做前导的、最长、最庄重、最具气势的广场空间。

柱廊高度定为11米（略低于天安门城台之12米）；初步定柱间距宽6米、深6米，柱廊的尺度之确定主要考虑因素是调和原广场建筑尺度之间的矛盾。以天安门、金水桥、纪念碑等的建筑体形、细部来参照，则尺度宜小；从广场空间、大会堂、博物馆、纪念堂等的建筑形体来参照，则尺度宜大。本方案所拟尺度系在二者之间求得最佳平衡、形成级差、消除现状中尺度过分失调的状况。在中央广场北望天安门、南临纪念碑，均可得到最佳视觉效果。升旗仪式、纪念碑献花等活动在此进行。同时在东、西两侧之近距离的廊内，即可变换环境气氛，得到各种休息、服务之便（图3-9、图3-10）。

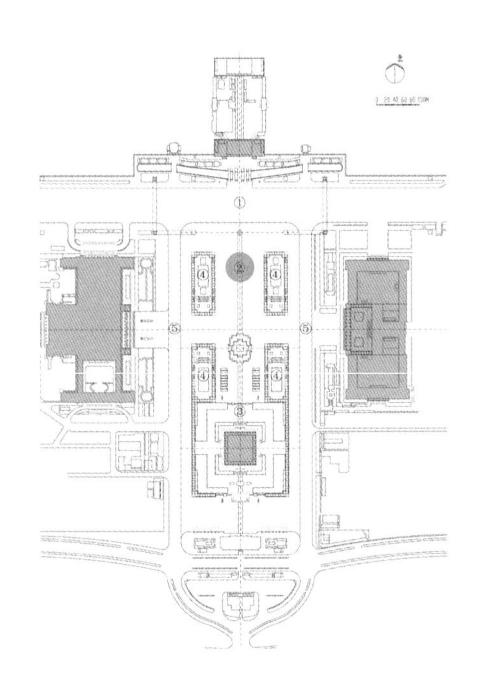

图3-9 “新千步廊”形成连续重复的韵律，衬托天安门城楼的雄伟

图3-10 中央广场是历史上“千步廊”所形成的“T”形广场的发展（放阔、放大、提高，通透），对天安门城楼和人民英雄纪念碑起到更好的衬托作用，具有更庄重、严肃的纪念氛围

图3-11　纪念广场由“新千步廊”之延长部分围合，以密植常青树为主要颜色，形成庄重、肃穆的纪念气氛

（3）纪念堂广场

此广场尺度是200米×200米，采取最庄重之正方形，由与中央广场两侧相同尺度之柱廊围成。院内密植松柏，强调其庄严肃穆气氛，突出带有陵墓性质的毛主席纪念堂应有的品格。与廊外空间形成明确的对比，使瞻仰者在接近纪念堂之前先行得到思想情绪的酝酿。

纪念堂四周之柱廊有多种使用的可能性。现表述其中两种：

其一是解决当前缺乏服务用房的问题。将东西两侧柱廊加深一倍，并从中分为内外二房，使柱廊内外隔绝，隔开了两侧街道车流喧闹，以保持纪念堂的肃静气氛，同时赋予其使用功能。外层形成廊，设大面积橱窗，供政治、公益、文化科普等宣传展示用。内层建成3层楼房。东西两侧共可提供高质量永久性建筑3300平方米。大大改善警卫人员的生活、工作条件，并可提供一部分纪念堂和广场所需的管理用房。南北两端柱廊保持通透。

其二是进一步提高广场的纪念性的设想。将长廊两侧或四周，均隔成内外2层。其内层用做供奉骨灰的灵堂或衣冠冢之用。可利用其一层或二、三层。这将是给予对人民、对共和国之建立建设有特殊功勋的劳动者、领导人、烈士、专家等去世后的最高荣誉。纪念堂广场亦可因之定名为“国葬院”，这种做法无论古今中西，都是常见的（例如莫斯科红场上列宁墓后克里姆林宫墙前苏联领导人的墓地、伦敦威斯敏士特教堂之许多名人石棺等）。这具有极好的纪念和教育作用，又便于群众的就近瞻仰。在纪念堂内，目前除中央所设瞻仰毛主席遗容的水晶棺外，两侧另有中型厅堂8个，经过改装设计，可与四周之衣冠冢分别按需要做有级别的纪念处所之用。

若要兼顾以上两种功能，经过精心设计，也是可以实现的。总之，长廊的建设将给广场提供多种优化使用的可能性（图3-11~图3-13）。

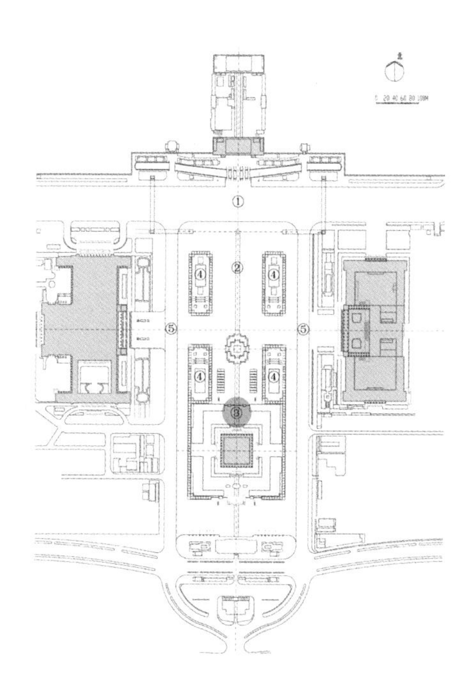

图3-12　透过左侧空廊和松林看毛主席纪念堂

图3-13　毛主席纪念堂东西两侧的“新千步廊”，外侧是带有展览、橱窗之通廊，内侧设3层建筑，作为管理、警卫人员之工作生活用房、以解决目前临时用房之多种问题

图3-14　四处小广场围在中央广场两旁，具有较亲切的近人尺度和休憩空间，其中设下沉喷泉广场，空间丰富，气氛宜人

（4）四处小广场

由新千步廊所围成的四处庭院或小广场，是天安门广场中最具光彩和特色的部分。它们达到了以下作用：

A．在保持了广场东街和广场西街的界面为直线的前提下，调整了中央广场和纪念堂广场所适宜的、不同的空间尺度。

B．形成广场上最接近人的尺度的宜人空间。具有与庄重礼仪性的中央广场和交通性的广场东西街所不同的休闲功能和环境气氛。

C．在柱廊中可提供有顶盖的、联系地下空间的理想出入口并便于隐藏地下空间所必需的采气排气井塔（详见后文：地下空间开发利用探讨）（图3–14）。

D．为了避免大面积广场的空旷感，在每年的重大喜庆节日，以往都要设法加以装饰。早期在有聚会或阅兵活动时曾有以上万人举起字牌变换标语口号的做法，这种令人啥也看不见而又十分单调劳累的非人性化做法在“文化大革命”以后已逐渐淘汰了，代之以300万盆鲜花临时搭建景观，这种做法要浪费大量人力和物力（准备、运输、搭建、维护、拆除、再运输），实在不是一个好办法。在本方案中，有现成的长廊，正可以用中华民族所习见的红灯笼，每两间（或3间）挂一个，则可以一劳永逸，平时不用，节日全开或半开，则喜庆效果全出了（图3–15）。

图3–15　四处小广场长廊中悬挂灯笼

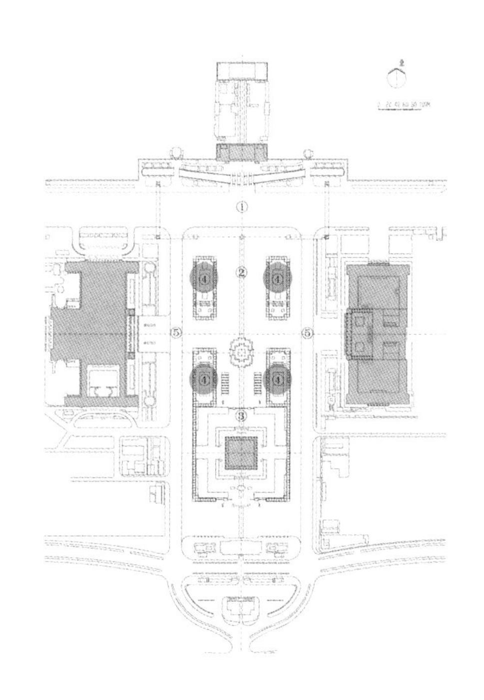

图3-16　广场西街可以进行国家迎宾等活动

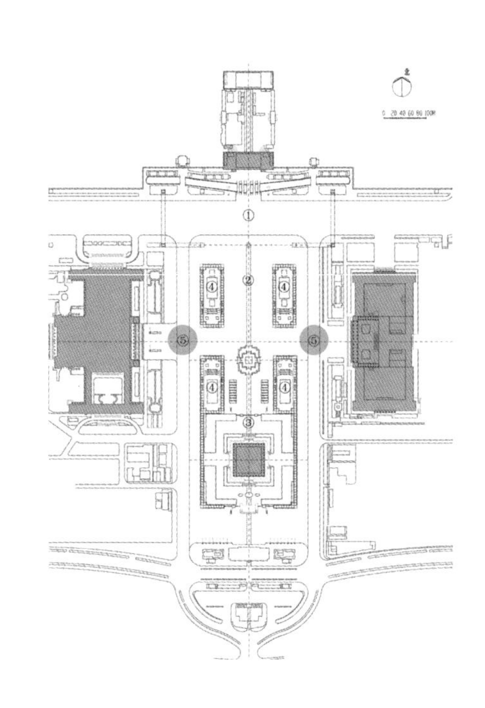

（5）广场东街和广场西街

人大会堂门前小广场通常用为迎接外国元首与贵宾之地，改造后其功能可完全保持不变，且受阅仪仗队身后增加了一个背景廊，既可隔断远处人群活动的干扰，又加强了其庄重气氛。

广场东、西街的基本功能是解决南北向交通，是人民大会堂和国家博物馆的出入通道，与改造前相同。其通行能力为每侧单向5条车道，非机动车道宽30米。重要之点是，在路上所看到的，将不再是一览无余的单调景观（图3-16）。以由前门北上的观光者为例，所见为线型的街道，左侧是连续的柱廊，在透过柱廊观赏纪念碑时，由于柱廊与碑身对移动中的观赏者所形成之角速度不同，将产生极生动的视觉效果。而只有当观者行至道路的北端，进入门前广场的最佳视距时，才看到广场的主题天安门。这将大大改善其艺术感染力。

图3-17　通过长安街上的“阙门”看天安门城楼

4. 东西长安街与广场

在东西长安街进入广场之结合点，将在道路两侧建立适当阙状牌楼形建筑物以标志广场空间的范围，予进入者以领域感及期待之情绪，而烘托天安门城楼在序列中的主体和高潮的地位。此项“阙楼”建筑在东西两侧均将按两对设置。根据现实条件，其位置将按人民大会堂及国家博物馆北立面之轴线对称布置，使其不仅作为进入天安门广场的标志，同时为人民大会堂及国家博物馆起到烘托作用（像中国传统建筑布局中，重要宫殿坛庙门前道路两侧的牌楼）。这将较历史上东西长安门与天安门之间的距离为远。在当前车速很大的情况下，少许加大二者之间的距离，可能不致造成拖沓之感。每对“阙楼”间距离为净空36米，可设上下行车道各5条。每侧另设自行车道宽 6 米（图3-17）。

拱门复建前

拱门复建后

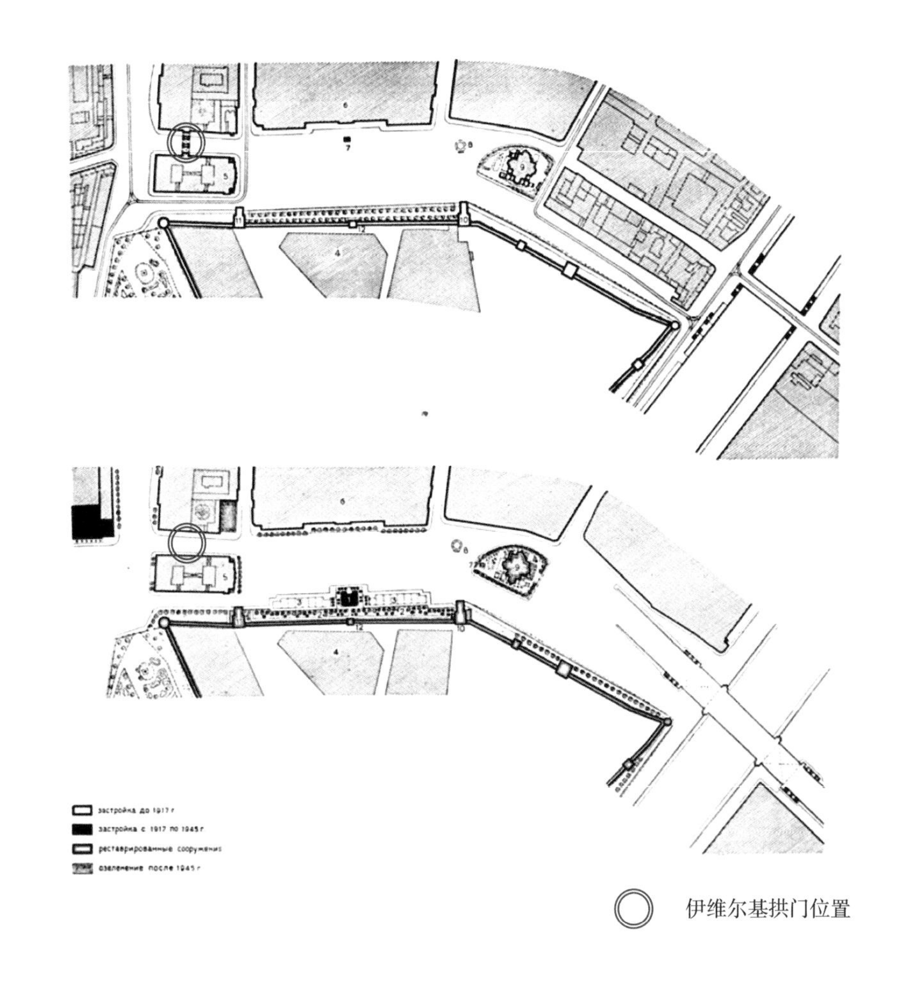

图3-18 （左）莫斯科红场。伊维尔基拱门复建前与复建后的照片（课题组 摄）
图3-19 （右）红场改造（拆毁伊维尔基拱门及一些其他建筑）前后的平面图比较

5. 历史的回响

历史上曾存在的有价值的建筑物及其环境，常因自然的和人为的因素而消失或拆除。随着重视历史、保护文物观念的提高，人们对待这种历史遗迹常有以某种形式重新体现的愿望。但这常和现实生活发生矛盾。一般说，当前的生活是“现实”的，它占据着有力地位。而过去的事物，则具有历史的、感情的、审美的等因素。这就需针对具体情况，衡量轻重，通过恰当的处理方法，使两者达到平衡。

20世纪30年代初，莫斯科红场上的伊维尔基拱门因妨碍每年数度的群众游行和阅兵庆典而被拆除。苏联解体后，红场的功能发生重大变化。这历史上的拱门、又于近年重建（图3-18、图3-19）。这很大程度是出于感情和审美的因素，也许还有政治因素。但首先这里不是交通要道。否则它的重建是不可能的。天安门广场上的长安左门、长安右门和中华门及其相接的“T”字形红墙之拆除，其出发点颇似红场上的伊维尔斯基门。当时（20世纪50年代初）虽有很大争议，但几十年来的现实生活证明这项举措是完全必要的，虽然在感情上和审美上付出了代价。前述“阙楼”的设置，即是为了在满足现实生活需要的前提下，在审美上取得一定的补偿。至于历史上的印迹，拟在长安左门、长安右门及红墙的原位置上，以不同于地面材质颜色的石材嵌成其平面形状，两座长安门则拟按中国传统的地图画法，将其立面形式倒放在它前面。虽然由于附近没有高位的视点，难以清楚地看到其全貌，但其给人的历史信息，则是明白无误的。中华门的原位置由于已经被压在纪念堂之下，就只好付诸阙如了（图3-3、图3-20）。

图3-20　长安街上石嵌的长安左右门立面图案，给天安门广场增加了历史的厚重感

地下空间开发利用

当今中国国民经济高速发展，城市化进程不断加快，对城市发展空间提出了新的需求，使得城市地下空间的开发利用成为一项重大而紧迫的课题。面临地面空间不可能无限拓展的情势，开发利用城市地下空间是可持续城市化的大势所趋。

位于北京城市中心的天安门广场，是全国人民乃至世界人民瞩目的地方，但由于诸多的原因，广场空间资源尚未能作充分有效的利用。以今日之角度考虑，由于天安门广场所处的独特地理位置和空阔的地上现状，以及地面空间无法容纳很多新的功能要求，故探讨其地下空间开发利用的可能性就具有特殊重要的意义。也就是说，开发利用地下空间应当成为天安门广场空间环境优化的重要组成部分。

1. 天安门广场地下空间开发的宏观背景

（1）开发城市地下空间的战略意义

城市发展的重要表征之一即城市空间的拓展。在城市发展的初期，城市空间的扩展大多是通过扩大城市用地，即水平二维式的发展来实现的。但是城市不可能无限制地扩展其用地：一方面是因为在我国土地资源十分匮乏的情况下，城市用地不断扩张会带来诸多负面的问题；另一方面，城市空间在三维上的建筑高度拓展也是有一定的局限，无限的增高在城市景观、安全和效益等方面都带来一系列问题。这种情况下，如何解决城市发展的空间需求与现有空间容量间的矛盾，成为社会关注的热点。

目前我国城市建设和发展基本仍沿用“摊大饼”式（即水平扩展）的粗放经营模式，是与可持续城市化、可持续发展战略相违背的，充分而合理地开发利用地下空间正是城市发展从粗放型向集约型转变的有效途径之一。城市地下空间是一个十分巨大而丰富的空间资源，具有很高的开发价值。因此，城市规划师与建筑师应当，也已经越来越多地开始把目光投向城市自身的另一种空间资源——地下空间。这种观念上和实践上的转变，无疑具有深远的战略意义。

（2）国内外城市地下空间利用现状和发展趋势

世界发达国家的城市已把对城市地下空间的开发利用作为解决城市人口、环境、资源三大危机的重要措施和医治“城市综合症”，实施城市可持续发展的重要途径。1991年在日本东京召开的地下空间国际学术会议上通过的《东京宣言》认为，从构成城市的建筑物发展的历史来看，21世纪将是人类开发利用地下空间的世纪。事实上，现代地下空间的开发利用，在20世纪60和70年代即达到了空前的规模，一些发达国家地下空间的开发总量都在数千万到数亿立方米。城市空间向地下发展，较之“太空城市”、“海洋城市”更为现实。

在城市地下空间的开发利用上，国外进行得比较早，国内近年也有许多成功的例子。这些都可以为开发利用天安门广场的地下空间提供宝贵的经验。

（3）北京市中心区城市空间拓展的特点与途径

发达国家大城市的拓展绝大多数都是在土地价值规律的支配下进行。体现为越接近市中心区的位置地价越高，因而建筑密度越大，容积率越大，建筑高度越高，土地的开发强度也越大。土地利用一般均呈现出“山丘”状的形态（图3–21）。

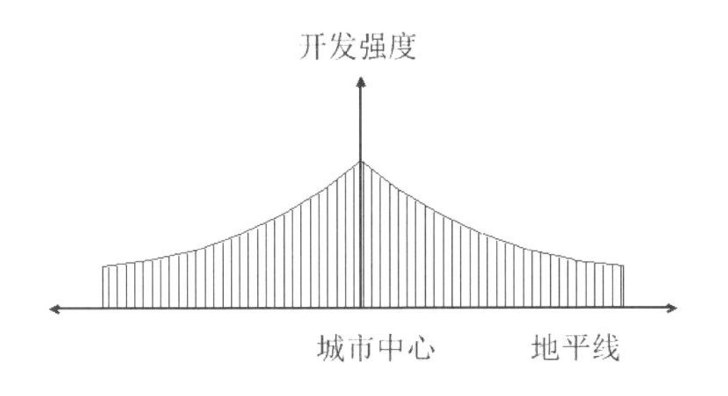

图3-21　发达国家一般大城市土地利用格局

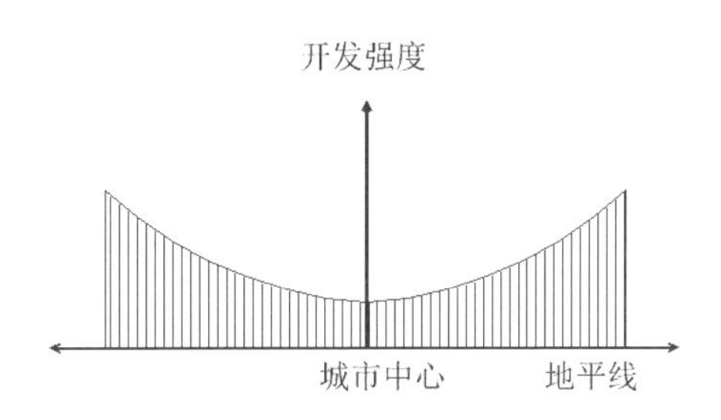

图3-22　北京市城市土地利用格局

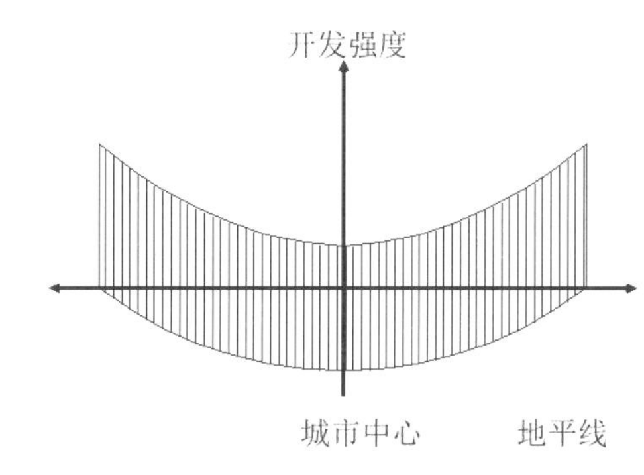

图3-23　合理利用开发地下空间后北京市城市土地利用格局

北京市则不然。由于紫禁城等历史文化遗产保护的需要，越接近市中心，建筑限高越严格，因而造成了从市中心向城市周边建筑高度逐步加大，密度逐渐提高的“锅底”式的城市格局（图3-22）。尤其是天安门广场地区更是如此，在面积约40公顷的地面上仅有正阳门、毛主席纪念堂、人民英雄纪念碑等有限的几座建筑物。这种城市用地发展格局从实现土地经济价值的角度讲是不合理的，不利于北京市土地潜在价值的正常实现。可以说北京市的土地利用在这方面存在先天不足。

由于现实条件的限制，要实现天安门广场地区的土地潜在价值，显然不可能大量增加地面建筑物，这时，开发利用广场地下空间即成为唯一的选择。以现今广场总面积40万平方米计，仅开发13.5米地下空间，就可取得3层，共120万平方米的建筑面积，大大超过了人民大会堂、国家博物馆、毛主席纪念堂等建筑的面积总和，其开发潜力惊人。对以天安门广场为中心的北京市中心区地下空间作充分合理的开发利用，有可能使北京市中心区的土地潜在价值得以实现，使土地利用格局趋于合理，形成如图3-23所示的格局。

2. 天安门广场地下空间开发的合理性

（1）必要性

时代的发展使天安门广场的性质发生了相当大的变化，提出了一系列新的功能要求，为了满足这些要求，必须合理而充分地开发利用广场的空间资源。

在中华人民共和国成立后的几十年中，天安门广场以其中心的位置和超大的平面尺度成为大规模政治集会的当然场所。但大而无当的空间不能满足尤其是改革开放以来的公众多样化、经常性的各类文化、游憩活动的要求。新的功能需要新的空间来满足，然而在地面上不宜也不可能取得大规模的空间拓展，所以开发利用天安门广场的地下空间就是必然的和行之有效的。对地下空间的充分利用不仅使博览、游憩等文化娱乐活动，以及服务、停车等后勤活动在功能上得到解决，而且在空间形态上亦使天安门广场的空间层次得到进一步的丰富，一改以往的单一性与离散性，从而使广场焕发出新的活力和凝聚力。

今日的天安门广场在使用上确实存在着许多问题，已在第二部分中有所述及，其中大部分可通过开发地下空间来得到缓解。停车问题是困扰天安门广场周边建筑的一大难题；天安门广场在其自身功能的多元化、多样性方面亦存在诸多问题（详见第二部分）。就广场及其周边建筑存在的这些使用问题来看，合理而充分地开发利用广场地下空间也是必要的。

为了不影响地上原有环境和景观，特别是在历史文物保护区，而将新建筑放置于地下，是当前许多国家普遍的做法，建在首都中心重要广场的也不乏实例。例如，美国国会大厦游客中心方案对地下空间的利用就值得借鉴。美国国会大厦游客中心被设想为那些准备体验美国政府的支柱客们作好生理和心理准备的露天出入口，因此它作为欢迎游客进入国会大厦的环境转换是必要的。在这项方案中，包括展览、报告厅、休息廊、纪念品商店以及其他一些为游客服务的设施全部安排在国会大厦东广场的地下，与国会大厦通过地下联系，形成完整的参观序列。这个序列起始于东广场，游客们置身其中可以瞻仰庄严宏伟的圆顶和侧翼；随着游客进入地下后序列得到逐步强化，民主的主题逐步展开，揭示了统治的进程和宪法的精神，这个序列在圆顶大厅达到高潮。设计者审慎而巧妙地空间序列安排赋予了游客中心一种政治意义——由它来象征民众的形象，象征政府立法机构（众参两院）之间的心脏（图3–24）。

（2）有利因素和技术经济可行性

简单地说，开发利用天安门广场地下空间的有利因素有以下几方面：一是地质条件良好，适合于地下工程的建设；二是地下已有的市政、人防设施有限，这方面不会有很大的影响和冲突；三是地面上现有建筑很少，且无须拆迁；四是在城市广场的地下建筑施工可采用明挖法，简便而且经济；五是不致对城市交通和周边环境造成太大的影响。

处在已经步入21世纪的今天，开发利用天安门广场的地下空间无论从技术上、经济上或是发展前景上都具有极大的可行性与合理性，同时也应看到其困难因素。当今建筑技术、建筑材料和设计水平不断发展，迅速提高，比天安门广场更为苛刻的地质条件和地面现状的地下工程也不难建造，因而天安门广场地下空间的开发可采用比较成熟的技术。

此处，改善地下建筑环境的多种办法也使大规模开发利用天安门广场地下空间成为可能。消除地面与地下建筑环境差异的方法多年来也不断进步。最基本的是切实提高生理环境的质量；二是利用现代科学技术成果，设计较简单的系统，解决天然光线和景物的传输问题，以及改善光环境和声环境等问题；三是从建筑设计手法上加以改进，提高建筑艺术处理水平。

一般说，由于拆迁量较小，城市广场是城市地下空间最容

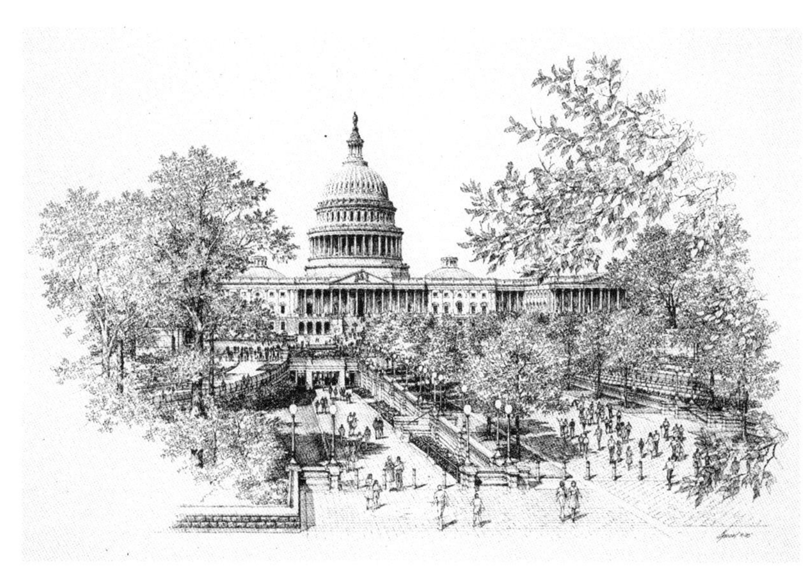
图3-24　美国国会大厦游客中心方案（摘自《世界建筑大师优秀作品集锦》）

易开发的部分。而天安门广场之上除正阳门、毛主席纪念堂、人民英雄纪念碑之外无任何建筑，而这些又不可能拆迁，因此可以说天安门广场改造的地上拆迁量为零，这在经济上显然是有利的。

一般来说，只有在地面上已经没有多余土地或土地价格过高的情况下，地下空间的开发价值才有可能显现出来。这是以利用地下空间时不需支付或支付极少的土地费并可采用最经济的施工方法为前提的。天安门广场正是属于这样的情况。在地上已不宜也不能建造大面积的建筑的前提下，开发利用天安门广场地下空间较多地需要考虑造价问题。由于天安门广场的独特的地理位置，其正常的土地价格显然应是北京市最高的，每平米地价当在万元以上，大大超过每平方米地下建筑的造价，地下建筑造价已显得不足为贵。

当然，开发地下空间一次性投资巨大，需要多方面多渠道筹措。同时作为国家广场，在地下不宜设置过多经济效益高，回收快的商业设施（也避免进一步加重城市中心的负担），还是适宜以文化性为主，不可能要求在短期内收回投资，而主要应突出其社会效益和环境效益。尽管地下建筑的技术在总体上不断进步，但在解决一些技术问题时仍有较大的难度（如安全疏散、通风换气、人防等），这必然在研究和开发过程中会不断带来新的课题。综合考虑、全面解决，是搞好天安门广场地下空间开发和利用研究的重要前提之一。

3. 天安门广场地下空间开发利用的总体构想

天安门广场地下空间的开发利用，其开发规模、开发时机、运作步骤、投资强度、使用性质等一系列重大问题，均须从广场改造的全局出发，根据政治、社会、经济、技术等条件综合考虑才能决策。由于本课题是单纯的研究项目，收集基础性资料特别是地下部分现状资料有一定困难。本部分所提构想，可能与实际情况之间存在距离。因此这里必须重申本项研究之学术探索性质。

（1）地下空间开发的内容

作为国家广场的内容，天安门广场地下空间的主要设施将是社会服务性和文化性的，商业性不作为其重点。一期开发内容主要包括：

A．地下文化、服务、休闲及商业综合体，其中包括：

• 中国六十（或若干）年建设成就展览馆：反映中华人民共和国在各方面的建设成就，相当于中华人民共和国成立五十周年之际在北京展览馆举行的成就展，为其提供长时间的固定展览场所，作为爱国主义教育基地之一，供全国人民来首都参观学习。

• 北京历史与建设成就博物馆：反映北京（老北京和新首都）的发展史以及体现人民群众创造力（主要是中华人民共和国成立后的）的巨大建设成就。

• 北京市旅游管理和指导中心：天安门广场作为来到北京的中外游客的首选参观地点，北京市旅游服务中心的存在将使其对伟大首都得到整体的印象把握，因而这个部分是极为重要的。

此外，少量的与地铁车站及下沉广场出入口结合的商业设施，作为对文化性休闲活动的必要补充，位置的选择也是适宜的。

B．地下停车库，其中包括：

• 人民大会堂专用地下停车库：设置于人民大会堂东侧地下，主要用于小型车辆的集中停放，大型车辆的停放仍然以地面为主。

• 社会停车库：设置于国家博物馆北侧，主要供小型社会车辆的停放。

（2）地下空间开发的范围、分期建设情况及规模

天安门广场地下空间的开发范围主要是长安街以南，纪念堂以北，大会堂以东，博物馆以西的矩形范围内（图3–25）。开发利用大体分两期进行。东西以广场东侧路和西侧路为界，大会堂及国家博物馆东西向中轴线以北至长安街为一期；以南至纪念堂为二期。

总的开发规模考虑到现实性和可行性，以浅层开发为主，同时为将来的深层开发留有余地，适应可持续发展的要求。其中现广场中央地下综合体部分考虑以开发地下3层为主，人民大

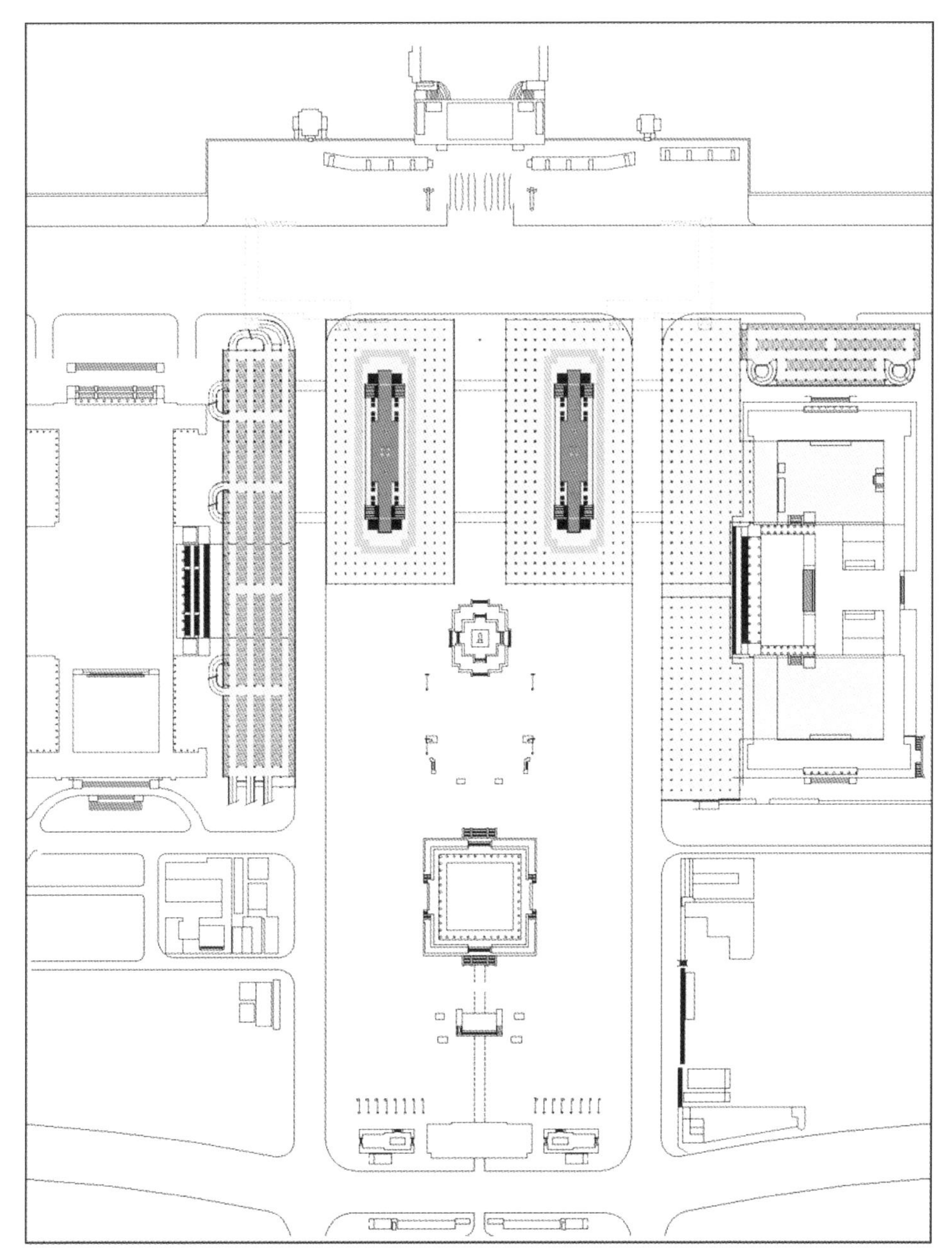

图3-25　天安门广场地下一层平面图（一期开发部分）

会堂地下车库为地下2层，社会停车库为地下3层。一期总开发面积约36万平方米。二期也以开发地下3层为主，也考虑为文化性和社会服务性的设施。

（3）地下空间开发项目辅助设施的布局、流线组织及与地面空间规划的关系

天安门广场地下空间的开发利用，在观念和操作上都把整个地下空间作为一个体系，与地面空间的优化构想统筹规划布局。考虑到开发地段北侧有1号线地铁，地段南侧有2号线地铁的前门站，本方案考虑把1号线地铁和2号线地铁连为一体，一期先考虑将地下部分和1号线地铁有便捷的联系。

开发过程中尽可能不对广场周边的交通造成不良影响，广场东侧路和广场西侧路之地下拟不纳入开发范围之内，其间只以通道作为地下各部分之间的联系。综合体的东西两部分之间也为了不使安全疏散的距离过长，保持50米宽的距离。原长安街的地下过街通道也纳入整个地下体系协同考虑。大会堂地下车库离开大会堂有足够的距离，同时有直接进入大会堂内的通道。

地下综合体的人流主要来自两部分，一部分由地上进入综合体，另一部分直接从地下的其他部分进入综合体。地面上的人流通过下沉广场及设在回廊中的垂直交通体系进入地下建筑的公共空间（中庭），然后再分别进入各自联系的不同部分（展览馆等）。直接由地下到达的人流主要来自地铁（近期仅有1号线地铁，远期还有2号线地铁）、国家博物馆和地下车库等。

大规模地下空间利用的一个很重要的问题是要解决和地面之间的垂直交通。本方案在广场上两组新千步廊中共设置垂直交通要素12组。（以自动扶梯为主）在使用分布上和景观上均为最理想的位置，也满足安全疏散的要求。人民大会堂地下车库

的垂直交通元素直接出地面，结合绿化设置。综合考虑了交通、安全、美化的需要，在地面回廊围合的空间内设下沉广场。

4. 单项地下建筑建设方案

（1）地下文化、服务、休闲及商业综合体方案

综合体位于长安街以南，人民大会堂和国家博物馆东西中轴线以北，广场西侧路以东，东侧路以西的范围内，因需要协调地上部分和疏散出口的位置安排，广场南北中轴线两侧宽约50米的部分不作为一期开发内容，这样综合体就分为东西两大部分，每部分长180米，宽120米，总建筑面积约13000平方米，其间以通道相连。西半部分安排北京市历史与建设成就博物馆和北京市游客管理和指导中心；东半部是中华人民共和国六十（或若干）年建设成就展览馆，并和国家博物馆的地下扩建部分有便捷的联系；东半部的北边安排少量与地铁车站相结合的商业设施。

综合体的规划设计是和地面空间的改造统筹考虑、协调安排的，柱网的选择也有和地上部分的协调过程。先期进行的地上回廊的设计构思中综合考虑了空间围合、视线关系以及尺度要求确定了6米柱距的回廊；地下空间选择了9米柱网，和地上部分的柱网实现了较大程度的对应。

地下建筑的层数按浅层开发的条件同时兼顾开发规模的需要，确定为3层。考虑到广场地面的绿化及一些市政设施的管线布置，地下建筑的顶面距地表2米。地下建筑的层高安排考虑人从地上的室外空间转换到地下的心理过程，层高渐次减小。其中地下一层层高5米，地下二层层高4.5米，地下三层层高4米。

地下综合体（图3–26）总体上东西两部分是对称的：围绕中心的下沉广场和贯穿空间是交通空间，并和人民大会堂地下车库以及国家博物馆的地下部分相连，东西两部分也有通道联系。其他展览、观演、咨询等空间沿周边布置。下沉广场可以给综合体的地下一层以直接的自然光。贯穿空间的设计除了给地下一个开敞的共享空间，不致太压抑外，又通过下沉广场中心水池中的玻璃顶将自然光一直引至地下三层。围绕此3层空间四周，是为参访者设置休息及服务点的最佳位置。

对应地面回廊位置，综合体的东西两部分各布置了6组楼梯和自动扶梯，可直接通过回廊出入地下，且地下一层可直接进入下沉广场并由大台阶上至地面。同时地下各相关部分之间，综合体西半部分的游客指导中心和大会堂地下车库，综合体东半部分建设成就展览馆与国家博物馆的地下部分以及综合体东西两部分之间，均有通道并设自动步道相联系。与地面回廊四角相对应部分为地下采气、通风塔位置。

综合体的具体内容如下：

• 北京市旅游管理和指导中心

主要在综合体西半部分的地下一层，内容有休息厅、旅游管理处、北京市旅游咨询及门票代理、各大旅行社代理处、景

点介绍展示厅、多媒体演示厅、宾馆住宿代理、车票机票代理、饮食服务设施、纪念品销售、库房等。

• 北京市历史与建设成就博物馆

主要在综合体西半部分的地下二、三层，内容主要包括休息大厅（中庭）、北京市历史展、北京市建设成就展、老北京民俗展、图片展等，也有一定的相关服务设施、库房等。

• 中华人民共和国六十（或若干）年建设成就展览馆

综合体东半部分，内容有休息大厅（中庭）、分省区的建设成就展览厅、多媒体演示厅、饮食服务设施、库房等。

• 少量的与地铁车站结合的商业空间

在综合体东半部分靠近1号线地铁天安门东站出入口处，主要采用商品零售精品屋的形式。

（2）下沉广场方案

作为地面与地下空间的转接和过渡，在回廊围合的内部空间做小尺度的下沉广场。

回廊环绕的内部的轮廓是42米×168米的矩形，这部分又往里缩进了一圈后做下沉广场。其中东西方向两侧各缩进了3米，既恰好跟地下部分的9米柱网对应，又可作为回廊内部交通，回廊的台阶还可用于休息。南北方向上两端各缩进24米，作为回廊内部在地坪高度上的一个小广场，间以绿化、水池在其上，和回廊外的硬质地面形成对比。下沉广场向内缩进增加了回廊内外的空间层次，为地面上提供一圈交通和休息的空间，地面下又可产生3米宽的“半廊”作交通和休息之用。

南北两端缩进的小广场的池水，通过跌落的叠水一直流入下沉广场中央的大水池中。叠水两旁是同样跌落的大台阶，可以直接走到下沉广场内，亦可兼作休息座位，在下沉广场中有表演时还可作看台用。大台阶再往两侧是斜坡的绿地。下沉广场中央的水池中有“跳石”联系东西两部分，同时作为水池的划分。水池中央有大小喷泉和玻璃锥顶，透过玻璃顶的自然光通过地下的贯穿空间可将自然光一直引到地下三层。下沉广场通过两侧的敞廊（敞廊内侧是大面积的玻璃）也给地下一层以充分的采光，同时两侧的廊子结合水池两侧的露天部分是设置咖啡座（或茶座）等休息场所的绝佳地点。在下沉广场中欣赏地面的回廊以及天安门、人民大会堂、国家博物馆等建筑物也会有新鲜的角度和感受。

（3）地下停车库方案

A. 人民大会堂地下车库

人民大会堂在会议期间的停放车辆主要分两类，一种是领导或贵宾使用的小轿车，另一种是多数代表乘坐的大客车。经过多方案的比较，确定方案为小轿车进入地下车库存放，相对数量比较有限的大客车，则利用原大会堂前的绿化空间设置绿地停车场解决，同时疏散时也会比较迅速。

大会堂地下车库为地下2层，共可停小轿车约1800辆。总建筑面积约5万平方米。

车库的柱网在南北向停车间距上采用了9米，一方面和广场中央综合体的柱网对应，便于日后的进一步扩建，另一方面宽松的停车间距也适应了会议期间需要尽快进出车的要求。东西向的车道宽度采用的是8米柱网，在停车后有6.5米的车道宽度。

人民大会堂地下停车要解决的一个重要问题，是进出车的速度问题，要求尽可能快地进车和出车，尤其出车时要求更快，以免与会代表长时间等待。因此只做2层，并在有限的地段内尽可能多地布置了进出车道。地下二层有四个双车道通向地下一层，地下一层有八个双车道通向地面，其中南端的三个为直行车道，进出车更加方便快捷。在今后具体设计时，可保留扩建成地下三层的可能性。

车库内布置了五组供人员疏散的防火楼梯及电梯，另在车道出入口处有辅助和管理空间，如收费、管理、休息、简单的汽车修理等。

B. 地下社会停车库

社会停车库位于国家博物馆的地下，考虑作地下3层，层高3.6米。3层共可停放小轿车约720辆。总建筑面积2.5万平方米。柱网采用9米×9米柱网。环绕式坡道进出车，东南角和东北角各设置了一组双车道，辅助空间布置在环绕车道的中心；中部的位置设两组消防楼梯和电梯。车库和国家博物馆之间可通过地下直接联系，和地铁1号线也相连通，可方便换乘。

图3-26　天安门广场地下空间构想剖透视

附录

2000年6月专家研讨会记录
关肇邺先生与崔愷先生的对话

2000年6月专家研讨会记录

郑孝燮

国家历史文化名城保护专家委员会副主任，城市规划专家

很高兴今天到清华大学来参加关先生关于“天安门广场”这个题目的讨论，我是很赞成关先生的基本思路的。天安门广场是全国唯一的、也是最重要的国家广场，其意义非常深远。这个广场的规划设计不是一下子能够成功的，今后恐怕还有相当时期要探索下去。关先生提出这个方案，是我们今天社会发展到一个重要阶段所提出来的设想，其基本想法我觉得是很好的。设计方案在广场空间的重新组合、重新优化方面起了重要的作用。

最初梁先生在设计人民英雄纪念碑的时候，就定位在这个位置上。在纪念碑和正阳门之间，主要考虑是要种植大片的松柏。在进一步进行天安门广场的设计中，对梁先生最初的设想，关先生也作了一些考虑了。我的意见是，可以把人民英雄纪念碑和毛主席纪念堂作为一个整体来考虑，是不是可以进一步扩大一下松柏绿地，利用松柏绿化把这两个主要建筑有机联系起来。这样松柏绿地面积更大，纪念性、肃穆的气氛更强。

关于恢复千步廊的想法也是很好的。把尺度过大的空间通过长廊分而不隔，用通透的办法使空间上既相互分开，又互相连通。这个设想是很好的，而且基本形式是跟传统直接有关的。至于一些手法和细节可以进一步推敲。

对于设计中的水面我觉得很有必要，甚至可以多一些。

关于地下空间的开发，在总的方面我觉得是很好的，可以考虑。博物馆里主要是安排跟天安门广场的历史、发展、未来有关的内容，这些内容也不少了。

通过这个方案，天安门广场的地面要大大地改变。不管是水泥块还是花岗石，广场的地面上还是要有绿地和水面。刚才关先生说得很对，每次到了节日搞的那些东西很热闹，但太俗气，又费钱，文化品位也不高。我也有这样的看法。

总的来说这个研究非常好。我祝关先生这个设想能够成功。谢谢！

刘小石

北京市原城市规划管理局局长、总建筑师

我觉得关先生的这个优化方案，有两点特别值得肯定。第一点就是把天安门广场的功能定位为经常的、休闲的、大众的广场，确实游行没必要搞得太多了。第二点是艺术的构思。要考虑人的尺度，延续历史的文脉，同时也不是复古。我想这个构思是很值得肯定的。关于廊子，总体上我也觉得很好。

另外还要说一下的是，与天安门广场的改造有关的一件事情，就是恢复瓮城的问题。可以将瓮城设计成一个艺术博物馆。

总的来说，我觉得关先生的这个研究很好，很有意义，可以进一步做下去。

我就讲这么多，谢谢大家。

李准

北京市规划局原总建筑师

我今天听了关先生这个研究的成果报告，很有收获。

总的来说，我觉得这个设计方案十分好，很不容易，而且也很需要，有很大的现实意义。

天安门广场的规划建设有其一定的历史背景，从明清时的千步廊到后来打通了长安街，在很大程度上是为了游行、检阅的需要。但这其实是不合适的，尤其在现在的社会生活发生了巨大变化的情况下，进行改造是很有必要的。关先生和他的研究小组所提出的这个改造方案，是很有必要的。

王景慧

住房和城乡建设部城市规划司原副司长、中国城市规划设计研究院原总规划师、国家历史文化名城保护专家委员会原秘书长

离开学校已经很长时间了。今天是一个难得的机会，能够有这么一个回学校再次学习的机会。听了关先生的关于天安门广场空间环境优化的研究，很兴奋，我感觉这是需要很大的勇气和魄力的。

总的来说，我认为这个研究是非常好的。其首先是延续了历史……其次是充分考虑了广场在新的时代所应该具有的新的功能，如游览、休憩，等等……再有就是非常重视广场的艺术观赏性。过去的改善总是局限在绿化上，或者是一些临时的人造景观，像刚才大家所说到的用几百万盆花摆个大花坛，还有喷泉什么的。我觉得关先生的研究中设计的廊子是另辟蹊径，非常好。总的来说，我认为这个廊子的特色应该保留，分而不隔，……在廊子和阙门的形象上，我的想法是或许可以更保守一点儿。刚才那张鸟瞰图，就表达得很清楚。这个（天安门）是中国的传统形象。而这两个建筑（人民大会堂和国家博物馆），老实说，西洋的成分多了一点。然后到毛主席纪念堂的时候，好像稍微又往回拉了一点儿，虽然是西洋的构图，但还有中国的传统形象。整个天安门广场，我觉得好像是越来越洋了点。如果是要加上一点儿东西的话，我觉得，如果加千步廊，就可以朝着传统的方向稍微往回拉一点儿。所以千步廊的形象，虽然是我们现代的，2000年这个时间建造的，但形象上是不是可以追随着，或者说气质上可以稍微更加传统一点儿。包括两个阙门的形象。现在的这些形象，可能是跟人民大会堂、国家博物馆的形象上近了一些，但是离天安门的形象距离稍微远了一些。所以我想，这二者（廊子和阙门）在形象塑造的时候，是不是可以更加中国传统一些。

另外，我觉得地下空间的开发要适度。地上面积已经很大，地下再搞那么大，好像就没有很大的必要性了。在功能上，除了停车场以外，其他人流还是主要在地面上游览和休息，下面该有的有了就行了，总之是适可而止。还有就是要考虑一下跟地铁的连接问题。当然因为现在不知道这方面的资料，关先生刚才也说了现在问谁也问不着。但是考虑以后的实施，还是要跟地铁站的功能结合起来更好。

好，就讲这么多，谢谢！

吴良镛

中国科学院院士、中国工程院院士

今天的研讨会，我觉得很及时，很有必要。关先生的这个研究课题有几点重要意义，其促使我们进行一些反思。

首先是这个研究是深谋远虑和具有前瞻性的，其具有很重要的学术价值。多一些这方面的研究，可以促使我们的建筑建设质量得以进一步的提高。

听了今天的研讨，我有很多感触。任何事情都是历史的产物，天安门广场的规划建设也是这样。20世纪50年代的天安门广场建设，是很不容易的。我参与了一些当年的工作。我想，每一个亲身经历过其事的人，都会有这样的体会。现在有一些人，为了一定的目的而随意贬低当年的建设，主要是为了找到足够的论据，支持在天安门广场的旁边建设的那个大剧院方案。他们甚至把当年的建设说得一文不值，这是很不客观的，可以说违背了一个建筑师应有的良心。在当年的社会客观条件下，在那么短的时间内能完成这样的一个规划建设方案，应该说是很不容易的，这是无法抹杀的。

在社会生活方式发生了巨大变化的今天，对天安门广场的改造是很有必要的。在关先生研究小组的方案中，更改的同时也做到了历史的延续，这种考虑更是非常必要的。城市广场的形成不是一朝一夕的，是一个历史的过程。在世界上，这种对广场的长时间的改造建设也不乏其例。像威尼斯的圣马可广场的建设，就是经历了几百年的时间，才形成了今天我们所见到的样子。而且这种建设中的非常重要的一个方法，就是所谓的“后设计原则”，即后设计建造的建筑要充分尊重和考虑已经建设的建筑。威尼斯圣马可广场的建设就是这样的。后建造的建筑，总是充分考虑了已经有了的建筑的风格、材料、体量，甚至细部等等。因此天安门广场的改造，应该保留一点历史的痕迹。在这方面，关先生的方案做得很好，很有价值。大剧院在这方面是失败的。

我还想说的就是，这个改造方案是面对现实的，具有很大的实际意义。

第一点是地下停车的解决很有必要。现在的停车状况很糟糕，这个问题亟待解决。第二点是革命历史博物馆的扩建走地下是对的。我国现代的博物馆，往往只重视展览空间的设计，不重视存储和研究空间。其实这部分在博物馆中所占的比重也是很大的，而且也很重要。走地下的路是很正确的。第三点是要对中间部分的广场的地下加以利用，这里有人们生活和活动的需求，所以是很有必要的，而且地下空间的利用是大势所趋。在空间资源日益紧张的今天，这个问题迟早要提到议事日程上来。

总之关先生领导的小组的这个课题，不仅具有其很高的学术价值，有很重要的理论指导意义，也具有了很重要的实践意义。

这几天我跟市长班的同志们作了一次讲座，谈到了“两类建筑师”的问题。一类是作为政治家的建筑师，像邓小平被国外媒体称为“改革开放的总设计师”。其实原来媒体说的是“Architect”，国内媒体翻译成了总设计师了，由此也可看出国内对建筑师地位的不尊重。这一类的建筑师对城市建设是很重要的。还有一类建筑师就是像关先生这样的真正的做学问的建筑师。

两类“建筑师”很好地合作，才能建设好我们的城市。

布正伟

中国建筑学会建筑师学会理事，教授级高级建筑师

今天挺高兴能参加这个重要研究课题的讨论，我最近有点事也跟广场有关系。邯郸市有那么一块地想搞广场，市长找了一些专家去参谋，把我也找去了。对邯郸市，我以前并不太了解，去看过之后，给我留下的印象还不错。邯郸的钢铁工业污染还看不太出来，街道绿化也还好。现在的这块基地做广场还是有可能的，但要做出有特色的广场就难了。邯郸也是个文化古城，有源远流长的历史，只有很巧妙地把这座城市的历史元素反映到建筑语言和城市空间上来，这个广场才会有特点。当然，还要考虑其他设计因素的影响。

我从关先生主持研究的这个项目中学到了不少东西。首先，我最深刻的感受就是，这个研究课题具有非常重大的现实意义。从历史演进的角度来看，先前我觉得原来界定这么大的广场还只是一个过渡，至少能让人感觉到我们国家的伟大。由于很多的政治运动，广场的前瞻性规划设计始终没有提到日程上来。毛主席去世那年，广场的变动就显得有点措手不及。这一次广场比较大的变动，就是毛主席纪念堂建起来了，广场南北的中轴线更强烈了，这是个最大的变化，其他都是小变化。这样，在目前改动的这种状况下，给人们留下的印象，就是天安门广场的空间序列丰富了，但绿化形态的层次比原来显得单调了，一句话，就是显得广场铺地更大、更干巴了。长期以来国内的许多广场都只重“大”、不重“绿”，建筑也是大得没东西可看。在北京开世界建协大会的时候，我在事务所接待了几位德国建筑师，他们也谈到了这个问题。我问他们在北京看了些什么建筑啊？他们说没看什么大东西，专门看小建筑，现在大建筑越来越多，没什么兴趣去看。咱们天安门广场很有气势，但从城市美学和建筑美学来看，还是显得空旷，常态绿化和休息设施都未能跟上，人性化、生活化的理念还体现得不够。我觉得这跟我们的规划和建筑专家没有什么直接的关系，主要是上面决策层的指导思想跟不上。现在真正需要去做的就是，按广场功能定位和广场设计规律进行必要的调整和充实，进一步优化天安门广场这个历史悠久的文本。

我看这个研究性文本，好就好在能解放思想，它的大思路、大格局没有受到什么行政干扰的影响，既具有可操作的现实性，又有审美上的清新感。关先生很谦虚，也很执着。关先生做着做着做不下去了，因为广场的地下有些什么东西搞不清楚，没有资料，做起来很为难。但是我觉得关先生知难而进，这点很可贵。在力所能及的条件下，通过国内外实例研究和实践经验的借鉴，完成了这项科研课题。这个文本比较纯净，不是在外

界指手画脚的干扰下完成的。但外界的有些想法也还是需要考虑的。我下面就想要谈这个事情。不受行政领导干扰的好处就是，设计时始终能保持一种纯净的情感，这种情感是一种初恋的感觉（众笑），真的是这样。如果我们都是“老油子”，做完了一琢磨，可能领导不喜欢这个，可能这个拿到科学院一讨论也不能通过，就这么改来改去，最后弄出来的倒是稳稳当当的了，但根本就没有什么创造性。所以我首先肯定这一点，就是这个研究性文本具有纯净的设计品质，同时也具有值得我们关注的设计创意。

关先生在文本中专门提到了长安街。这么长的“天下第一街”，是首都规划和京城生态景观设计的一大难点。以前一位西班牙女建筑师跟我讲过，在长安街骑车特别累——从这头到那头，就跟在大沙漠里骑似的，老也骑不到头。后来因为迎接外宾，在长安街上拉了一些彩色横幅。这样，骑着骑着就能看见一条小横幅，就觉得不那么累了。我对着老照片看时就觉得，长安左门、长安右门一拆，一下子就把原来广场的一个特点拆没了，一个很有历史感的“空间界定”就永远消失了！关先生在方案里提出了一个很好的弥补想法，就是把这个“空间界定”的印记放到地面上来了，类似这样的设计思路在国内好像还没有。最近见到国外设计的一所学校，把一个大门趴在地上，还有水池什么的，西洋古典范儿。这个思路我觉得挺好，不太妨碍交通，在这里变成了一个虚拟的地标。再如这个阙楼，也是长安街街景节点上的标识物，虽然没来得及做方案比较，但其所起到的视觉提示和文化心理作用是不言而喻的。北京现在有做得“花枝招展”的各种标识物，复兴门这个城市空间节点做了一个“彩色断拱”的造型，不管怎么说，有总比没有强。还有，历史博物馆里面庭院空间的处理问题，我当学生的时候很留心地去看过，虽然与人民大会堂构成了一虚一实的对比，规划设计理念有所讲究，但是里头的庭院空间，不管从哪儿看上去，都明显地觉得太虚弱。现在根据功能的需要，把两个院子的空间充实起来，以新材料、新技术为手段，把“虚弱的部分”加以合情合理地改造和利用，这是完全可行的，这也应该看作是天安门广场空间优化实施中的一种现实性。现在国家大剧院到底是盖还是不盖，传言很多。我觉得盖或不盖都可以应对。不盖，对广场这块没有什么直接的影响；要盖，我认为能更增强天安门广场改造的现实性，因为大剧院的建筑表现与人民大会堂之间的“反差”与“对比”，是自然会有的，它立起来以后，天安门广场这边要是不加以强化，不加强历史的厚重感，那就本末倒置了。就像汽车旁有很漂亮的一个模特，汽车本身却不行。现在很多人看车展不是看汽车，而是看模特（众笑）。我想，最重要的是“汽车”要棒，然后再配上一个相称的“模特”，这才体现了主次关系。这个比喻有点蹩脚，我只是要强调，天安门广场及其建筑群的历史厚重感要是不加强的话，只突出国家大剧院的这种“反差”与“对比”，那就不是“没什么意思”的问题，而是会损害天安门广场整体美的尊严了！总体来看，不管大剧院盖还是不盖，加强天安门广场及其建筑群的历史厚重感都是十分需要的。

文本的第二个优点，是抓住了由历史文脉中一些环境设计和建筑设计延续而来的建筑形态特征，譬如说千步廊、阙楼等等。这些大胆的设计想法好在哪里呢？主要是强化了天安门广场的南北轴线。大家看这个总图上的南北轴线，通过这些“子空间”的组合和建筑形态特征的表达，这条轴线的指向更加强烈了。这个思路是跟京城的历史文脉相联系的，这就是钦差大臣们过去上朝的路线。新中国成立以后，这里成了人民群众活动的地方，这个轴线便弱化了。特别是后来的庆典活动，广场上一片人海，用翻牌子的彩色画面作为天安门城楼上俯视的大背景，只有在这个时候，天安门广场才能“撑”得起来：在人海和一大片彩色牌子中只露出人民英雄纪念碑来……总之，我觉得强化广场南北这条轴线是这个文本研究中很重要的一个“可参照点”。

还有一个很重要的可参照点，就是广场中的广场。我回忆了一下，像法国巴黎、英国伦敦、西班牙马德里等国家的首都的广场我都去看了，但还没见过广场里还有这么一系列按图景式划分的“小广场”，这也可以说是对天安门广场“超大尺度”进行调整的一种对策和方法。

下面，我想说说有待进一步考虑的问题。先说说南北中轴线吧，其中也包含了“广场中的广场”问题。上面已经讲了，强化南北中轴线是十分需要的，现在还缺一个广场鸟瞰图来作直观分析。我现在的担心在哪里呢？还是那个老问题：能不能满足广场政治功能的需要？五十周年的国庆过去了，到一百周年的时候肯定要搞一个特大的庆典活动，那时候咱们都不在了（众笑）。从天安门城楼往下看的时候是一个什么样子？我想，自己要是领导人，就会对这个方案“不感冒”：从天安门城楼上往下看，两边的廊子突出来，形成两个“井”字，后头还有个“井”字，然后是纪念碑——这怎么让人感觉“反常了”啊？！所以我说，应该有一个从天安门城楼往下看的鸟瞰图来帮助我们进行思考。确实得想想，将来毕竟还是得有这么一个十几万人隆重聚会的传统，不然就不是中国了，中国就得有这么个阵势，叫外国人看一看，我们中国人就是不能受欺负（众笑）。可问题也就在这里，如果采用该文本空间构成中的划分方式来强化南北中轴线的话，就会相对弱化广场的整体性了，这样，要是建国一百周年的庆典景观方案让我来设计，就会感到极为困难。如何对广场平面设计作出相应调整，还需要通过方案比较来深入思考。比如，可不可以考虑前面的两个回廊圈子不要那么长，短一些，或减半，差不多接近方块形式？这样在空地上排列人群就好办多了。就像舞台上排大合唱演员似的，要是台子中间戳这么两个碍事的物件，就没法站人了。这个功能确实需要好好考虑，因为世界上没有哪个国家的检阅台对面的背景（气场）有我们这么壮阔，这是世界上头一份呐，可见，“人山人海”这个景观是跟天安门广场重大庆典的检阅功能有紧密关联的。

另外，我比较同意刚才说的把松树林子延长、扩展。松林是天安门广场很重要的一个成片植物形态的语言符号。天安门广场的主体植物形态就是要纯洁、凝整、大气，别搞得像某些私家小花园瞎显摆似的。记不清是哪一次国庆节还是五一节，广场上布置了一条象征“航行”的船，船底下有围起来的水，水里还有几只活的小鸭子游来游去（众笑），一派小家子气，让我觉得就像是在“逛庙会”一样。广场的文化氛围虽然可以后现代，要民族化，但还是应该庄重一点。就是要用大片的松树林子，去突出天安门广场无限怀念革命先烈的这个主题，渲染一种令人肃穆起敬的文化氛围，我有这种体会。记得到了1960年代初，这里还保留了一大片松树林子。我读研究生放假的时候跟我女朋友谈恋爱，就曾在这个松树林子里散步，美滋滋的（众笑）——听着松涛，很有诗意，同时也感觉到我们的幸福生活来之不易，这叫“意境”，跟我们现在看到的和感受到的绝对不一样。当然，这片松树林子应配合夜间照明设计，给人以既优美又安全的感觉。再有一点就是，我和刘总的意见有点不同。刘总说这里不要“围”，我觉得还是“透中有围”比较合适——广场上天安门城楼、纪念碑、纪念堂，还有正阳门等都是“点”，因此，松树林子需要往外张，起到强化广场整体的作用。这里用千步廊稍稍作一些适当围合还是可以的，也是需要的。行家们都说，毛主席纪念堂的立面太像林肯纪念堂。我想，要是在广场两侧边沿的适当位置围上这么一点廊子，一方面，增加了空间的层次感，游人可以借此坐一坐、歇一会儿；另一方面，让外国友人看了也会分散一点注意力，在一定程度上可以起到淡化纪念堂立面的作用。另外，从设计创意上来讲，还带有人民群众怀念革命领袖的深情厚意。

再有一点就是，从设计文本南北两部分廊子之间留的空间去看人民大会堂和国家博物馆，是不是有点太窄了？现在看上去，东西轴线的空间不够开阔，再加上与纪念碑的关系显得有点挤，另外从比例上，中间这段从东往西有没有必要分成三个比较等分的块面，中间块面这部分是不是应该宽一些好？这样的话，这三个部分就有主次之分了。

我们这次讨论的是规划设计和概念性设计层面上的总体文本，主要是涉及广场原有文本优化的设计理念和设计思路，将来如果有条件进一步设计时，就可以注意到设计细节问题了，如：千步廊、阙楼的建筑形态等，希望能够再朴拙一些，这样也会更有现代审美的意味，可以跟过去的建筑语言拉开一些距离。

我说的这些很不成熟，请各位专家批评指正。

关肇邺先生与崔愷先生的对话

主题：天安门广场改造研究的课题转交

时间：2015年7月14日下午

旁听/录音/文字整理：霍振舟

关肇邺先生首先向崔愷先生讲述了自己最初开展这个课题研究的背景、动机和历史过程，之后具体地介绍了现有研究成果。

关肇邺：

关于这个方案能否成立，还有几个问题要说明一下。

一是广场地下空间的现状。据我所知，毛主席纪念堂以北地下没有东西。如果有东西，施工的时候应该会拦起来。事实上几十年来没有拦起来过……但是毛主席纪念堂以南地下恐怕会有一些设施，而且是保密的。我想这个问题对于我们的总体设计和施工，并不是一个很决定性的因素。

再有一个问题，我自己没太想好，那就是方案中的“国葬院”这种设想。国葬院在国家广场上，或者在它附近，这在国外是有的，比如俄罗斯红场就是这样。但在中国，大家是否能够接受，这个设想是好还是不好，咱们可以先进行设想，然后再看该怎么办。

崔愷：

关先生，这项研究您是从哪年开始做的？

关肇邺：

大概在20年前，我申请了一个国家基金 。那时做了简单的方案册子，然后于2000年6月邀请了一些专家，来论证一下是否可行。专家们多数都表示“同意”或“满意”，还有专家更加畅想，说应该把东西长安街给搁到地下去，让群众可以一直进故宫，不需要钻过街通道等等。大概就是这么一个情况就算结题了。

后来，我想着我这个成果总得让上边知道啊，不然不就白做了吗。可是我没办法，我就是一个小小老百姓。我当了院士以后，每次院士大会都要院士们提建议，一般也就需要那么两三页纸。我想就也搞个院士提案得了。可是我这个东西相对长，怎么能塞进两三页纸里头啊。那天我们也是在开院士会，程泰宁院士搞了一个课题，他来找大家来研究研究，所以我也来凑热闹。我和大家说了这个事。大家也是一样，说“这个提议我们大家很同意，但是你能不能够把这个图拿出去。”我后来发现，我的脑筋太简单了一点。这个原则没错；说“要人性化”“要庄严”，这个东西也没错；包括用文字描写，都没错，但是一用图，方案就固化了……。所以后来改成了一个只有文字的版本，一张图也没有，而且报告的字数要严格限制。大家签了字，就报到上面去了。报上去后人家说，这个东西交给了首规委 ，但首规委没有再往上递。有人对我说，现在政府关注的是反恐，不会有人注意你这么大的一个广场改造计划。而且你这个报告也说明不了什么问题。你只是说要人性化，这个太抽象。因为是这样一种情况，他们连图纸都不让我拿上去。我就觉得挺失落的。

（转向霍振舟）我跟崔总也说了，这个事情不是一两代人能解决的。我现在已经下决心了。我就把这个方案，当一个我过世以后才有可能实现的东西去做。假如，若是再不成、再有40年还不做成，那就一直等到有这个条件的时候，人们有这个愿望的时候来实现。我觉得每一拨人在这里头做一定的工作，那这个方案就会越做越精，越做越好。我虽然在这上面花费了很多精力和时间，但是我并不认为这个东西已经做得绝对好了。里面也确实还有很多问题没有解决，比如地下如何解决，怎么样让其符合人们的需要。还有些具体的问题，像那个廊子一直延伸到头，到纪念堂围合起来的地方，做个什么东西能让它收尾……

崔愷：

您是指朝前门那一侧？

关肇邺：

对。在纪念碑北面已经做了两组群雕，其实那也属于“洋”玩意儿。我觉得也不能再做这种东西了。所以，南面应该用什么做一个结束？诸如此类。还有刚才说的，长安街上把立面图给它放倒，有没有办法让它有一个节点的感觉，让它有“更进一步”，再“更进一步”的感觉，这都是要进一步研究的。还有这些个已经画好的小广场的里面，具体应该是一个什么样的做法，还需要研究。当然，我也不是光指这样小的和细节地方。关于总体上，你要是有什么好的建议，也可以给它改了。关于我本人，虽然确实很关心这个事，但是也确实没有能力再管了。所以我特别找崔总。第一，他是比较年轻的；第二，他是最强的，在这个年龄段里是最强的。崔总人也特别好。将来要是工作起来，我希望你一定要再进行调整。你们在工作上要是确实有新的进展，我很愿意知道。但是你要是让我再坚持工作，那我就不行了。

崔愷：

关先生，您那天跟我提这个事儿，我觉得这件事儿从历史意义上来讲，真是非常重要。这也是您心里一直放不下的一件事儿。我有时候也会思考，天安门广场的空间跟社会到底是一个什么关系。这是一个典型的案例。天安门广场是一个全国人民都向往的地方。但实际上，其提供的人性化的服务，还有其文化性，对传统的阐述，对遗址，也就是对过去老北京的城市展示，都还有很多值得完善的地方。这些都是毫无疑问的。的确，从现在的情况来讲，目前政府是对公共安全的重视程度越来越高。提个相关的小事儿，前两年主管副市长要求我们院设计个安检棚，也就是进广场之前要安检。实际上进广场已经有个地下通道，但是不能在地下安检，所以他们就想在地面上，就在国家博物馆的西北角，做一个安检棚。其实现在地面上已经搭建了一个临时的安检棚。

关肇邺：

可见有关单位现在是很重视安全问题的。

崔愷：

对。现在晚上是要清场的。人们白天进去，一定要查身份证和进行安检。我们单位的建筑师作了个方案报给领导，但后来不知道为什么也没弄。这就能看出来，在天安门广场动土不是一个小事，现在所有的事儿都是临时设施，是可逆的，可恢复的，像一到过年过节就摆花坛啊，都是临时办法。

关肇邺：

而且那才是人力物力的浪费。

崔愷：

是很大的浪费。所以我估计这件事要看未来国家的公共安全和社会稳定的状况达到一定的程度。到那时，这件事儿还是很值得把它做起来的。那么，就像您说的那样，在这件事儿暂时做不下来的时候，我们应该怎么做这件事儿？我觉得，从您的角度来讲，作为一位自小就在天安门旁边长大的建筑大家，作为自己心里面的一种愿望，虽然您明知不可能，但还是把自己的愿望画了和写了出来，留给了后人。这是一个很重要的交待，是一种历史的责任感。

所以，我觉得这件事儿这么做您看行不行。第一步，我们帮您把这些成果整理成一本书，图要尽可能地全和清楚。其中包括您的研究和手稿，有些地方您可能还要再补充一点儿内容。也就是说，先把您的想法和意图完整记录下来。这件事儿，我们非常乐意帮您做。把这本书变成一个历史的文献。这很重要。等这本书出来了，我们就针对着这本书，再开一次专家研讨会。然后可以把书送给有关部门，类似于北京城市档案馆啊，作为一个正式的文件或文献收藏起来。然后，再通过什么渠道，我们有机会能呈送到类似国务院的有关部门。至少我们要让上面有人能知道这个事儿。也可能领导会说，关先生提的这个事儿很重要，接下来继续研究，那我们再往下做。如果说情况不理想，方案送不上去，或者送上去了没人搭茬儿，可能领导觉得难度太大，就先不动，留下这个想法给后人。如果往下留的话，至少我们手上都有这个东西，至少在清华图书馆或者是一些重要的图书文献存放的地方可以找得到。一旦可以往下推进，到真正能做的时候，我觉得可以做一些更深入的研究，就像您说的那样。现在您是从能得到的尽可能多的资料当中来做。但实际上，像将来地下车库进出口的位置，以及和人民大会堂之间的关系这些问题，等到人们要真正落实做这件事儿的时候，在这些方面确实还要进行一定的深入研究。如果要我们马上在这个基础上做什么，我觉得有点不好下手，情况还不清楚。

我们先把您已有的成果整理好。这个事儿的意义重大，不仅仅是关先生自己的事儿。这个事，将来就会从没有可能到慢慢地有可能。现在大家都是在做一些比较现实的项目。而您这个提议，是明知不可为，但还是要做。这是一个对未来城市公共空间最最重要的、国家级的公共空间的设想，我对您的胸怀和决心表示由衷的敬意。

致谢

天安门广场优化的设想虽然几十年来在我脑海中萦绕，但要将它全面地呈现出来，却离不开来自外界的帮助。1998年，本项目得到清华大学建筑学院的支持，申请了国家自然科学基金的资助，成立了专门的研究团队，其中包括清华大学土木工程系童林旭教授、建筑学院孙凤岐教授，以及我已毕业留校的学生和当时在读博士、硕士研究生许懋彦、程晓青、张利、刘敏、王鹏、莫修权、姜娓娓、张奕先等。他们对项目的设计深化发挥了重要的作用。

2000年项目经过评审，之后没有什么实质的进展，一放又是十几年了。近期得到崔愷院士和庄惟敏院长的鼓励，将其重新梳理，整理出版。这期间得到程晓喜、霍振舟、杨安琪等人的帮助，更新了部分内容，补充了文字图片等信息。杜頔康重新补绘了部分透视图。黎雪伦、刘珊汕、刘倩君等参与了最终的排版整理。

最后感谢中国建筑工业出版社，他们的宽容和努力使本书可以呈现在此。